AF451836

NOTE

sur

LES SYSTÈMES DE MONTAGNES

LES PLUS ANCIENS DE L'EUROPE,

PAR

M. L. ÉLIE DE BEAUMONT.

EXTRAIT DU BULLETIN DE LA SOCIÉTÉ GÉOLOGIQUE DE FRANCE,
2ᵉ série, t. IV, p. 864, séance du 17 mai 1847.

J'ai eu plus d'une fois l'occasion d'entretenir la Société des recherches dont je continue à m'occuper relativement aux systèmes des montagnes de différents âges et de directions différentes qui sillonnent la surface du globe, et particulièrement celle de l'Europe.

Mon premier travail sur cette matière, lu par extrait à l'Académie des sciences, le 22 juin 1829, était intitulé : RECHERCHES SUR QUELQUES UNES DES RÉVOLUTIONS DE LA SURFACE DU GLOBE, *présentant différents exemples de coïncidence entre le redressement des couches de certains systèmes de montagnes, et les changements soudains qui ont produit les lignes de démarcation qu'on observe entre certains étages consécutifs des terrains de sédiment.*

Les exemples de ce genre de *coïncidence* dont j'avais cru pouvoir entretenir l'Académie étaient au nombre de *quatre* seulement ; c'étaient ceux qui se rapportent aux systèmes de la *Côte-d'Or*, des *Pyrénées*, des *Alpes occidentales* et de la *chaîne principale des Alpes.* J'y joignais, mais sous une forme hypothétique, un aperçu sur l'origine plus récente du *système des Andes.*

Les systèmes dont je viens de parler figurent seuls dans le Rapport que M. Brongniart a fait à l'Académie sur mon travail, le 26 octobre 1829, et dans l'article que M. Arago a bien voulu lui consacrer dans l'*Annuaire du bureau des longitudes* pour 1830.

J'avais cru devoir me borner d'abord aux exemples de *coïnci-*

dence qui me paraissaient alors les plus frappants et les plus incontestables ; mais en imprimant mon Mémoire *in extenso* dans les *Annales des sciences naturelles*, t. **XVIII** et **XIX** (1829 et 1830), je n'ai pas négligé d'indiquer en note d'autres exemples du même genre de coïncidence, qui avaient déjà à nos yeux un assez grand caractère de certitude pour mériter d'être enregistrés ; car j'étais convaincu que le rapprochement général que je cherchais à établir entre les révolutions de la surface du globe et l'apparition successive d'autant de systèmes de montagnes diversement dirigés paraîtrait d'autant moins hasardé que je pourrais citer un plus grand nombre d'*exemples de coïncidence*.

Par l'effet de ces indications subsidiaires, le nombre des exemples de coïncidence se trouvait déjà porté à neuf, sans parler du *système des Andes*; mais là ne s'arrêtaient pas mes espérances, car je disais (*Annales des sciences naturelles*, t. XIX, pag. 231, 1830) : « Quand même les recherches dirigées vers ce but auraient été » poursuivies pendant longtemps, il serait difficile que le nombre » des connexions de ce genre qu'on aurait reconnues présentât » quelque chose de fixe et de définitif. Outre les quatre *coïnci-* » *dences* auxquelles j'ai consacré les quatre chapitres de ce mé- » moire, j'en ai ensuite indiqué d'autres dans les notes qui y » sont ajoutées ; et ces premiers résultats, s'ils sont exacts, ne » seront peut-être encore que la moindre partie de ceux qu'on » peut prévoir lorsqu'on considère combien d'autres interruptions » présente la série des dépôts de sédiment, et combien d'autres » systèmes de montagnes hérissent la surface du globe. »

Le même volume contient une planche coloriée (pl. III) qui est intitulée : *Essai d'une coordination des âges relatifs de certains dépôts de sédiment, et de certains systèmes de montagnes ayant chacun leur direction.* Cette planche, qui était le tableau graphique de mes premiers résultats, présentait, rangés de gauche à droite, neuf systèmes de montagnes (sans compter celui des Andes), tous désignés suivant la méthode dont je me suis fait une règle constante, d'après des motifs que j'ai indiqués, non par des numéros d'ordre, mais par des *noms géographiques*. Et pour compléter l'expression de ma thèse fondamentale, j'y avais fait graver la note suivante : « On a laissé en blanc les montagnes dont la place dans la série n'est » encore que présumée : de vastes systèmes tels que ceux des côtes » de Mozambique et de Guinée ont même dû être complétement » omis; mais les modifications qu'on peut prévoir dans cette série » provisoire la changeraient difficilement au point de porter direc- » tement à croire qu'elle soit terminée, et que l'écorce minérale

« du globe terrestre ait perdu la propriété de se rider successive-
» ment en différents sens. »

Depuis lors cette *série provisoire* a reçu plusieurs termes nouveaux qui s'y sont ajoutés ou intercalés sans en changer la forme
générale, et sans modifier en rien les inductions auxquelles elle
conduit si naturellement.

Le but que je me propose aujourd'hui en appelant de nouveau
l'attention de la société sur ce sujet, est d'étendre encore la série
provisoire dont je viens de parler par son extrémité inférieure,
c'est-à-dire par celle qui se rapporte aux phénomènes les plus
anciens.

Sur la planche coloriée que j'ai citée il y a un instant (*Annales
des sciences naturelles*, t. XIX, pl. III, 1830), j'avais fait graver une
seconde note ainsi conçue : « On a figuré ici des fougères et des
» prêles arborescentes, des lépidodendrons, pour rappeler que les
» végétaux de cette nature, dont les débris enfouis ont produit la
» houille, avaient crû sous nos latitudes peu de temps après *le plus
» ancien redressement de couches figuré dans le tableau*; d'où il
» suit que dès lors nos contrées se trouvaient dans des circonstances
» climatériques dont nous pouvons nous faire quelque idée. »

Ce plus ancien redressement de couches figuré dans le premier
tableau graphique des résultats de mes recherches était celui des
collines du Bocage (Calvados), où j'ai trouvé les premiers indices
du *système des ballons et des collines du Bocage* dont je n'ai pu fixer
que plus tard, d'une manière précise, la direction et l'âge relatif.

Aussitôt que l'observation m'a permis de définir d'une manière
complète le *système des ballons et des collines du Bocage*, j'ai
aperçu qu'il existait des systèmes de dislocation plus anciens, et
d'une direction différente.

L'un de ces systèmes a été mis en lumière dès 1834 par M. le
professeur Sedgwick, et il figure déjà sous le nom de *système du
Westmoreland et du Hundsruck* dans l'extrait de mes recherches
qui a été imprimé en 1833, dans la traduction française du *Manuel géographique* de M. de la Bèche, publiée par M. Brochant
de Villiers, et en 1834 dans le IIIe volume du *Traité de géognosie*
de M. Daubuisson de Voisin, continué par M. Amédée Burat,
p. 282.

Mais je ne me suis pas arrêté à ce premier pas : je n'ai rien négligé pour en faire de nouveaux dans cette voie rétrospective qui
conduit aux premiers temps de l'enfance du globe terrestre et du
règne organique ; malheureusement ces pas ont été lents, parce que
les traces des ridements successifs de l'écorce terrestre sont d'autant

plus méconnaissables et plus cachées qu'ils sont plus anciens. Enfin je crois pouvoir indiquer dès aujourd'hui dans ma série quatre termes plus anciens que le plus ancien redressement de couches figuré dans mon premier tableau, et je conserve l'espérance que des recherches ultérieures nous feront pénétrer plus loin encore dans la nuit des premiers temps géologiques.

Depuis quelques années les géologues ont marché dans cette direction avec une ardeur toute spéciale. C'est en effet dans le domaine des terrains fossilifères anciens, antérieurs au calcaire carbonifère, que la géologie a fait récemment dans les deux hémisphères les conquêtes les plus importantes. Elle les doit particulièrement aux travaux de MM. Murchison et Sedgwick, en Angleterre, à ceux de MM. Murchison, Sedgwick, de Verneuil et d'Archiac dans les provinces rhénanes, de MM. Murchison, de Verneuil et de Keyserling en Russie et dans les monts Oural, des géologues américains et de MM. Lyell et de Verneuil dans les contrées transatlantiques.

Je suis parti des faits connus. Je ne pouvais devancer ces vastes conquêtes, mais ma théorie aurait manqué d'un des éléments les plus essentiels de la vitalité scientifique, la faculté des progrès, si elle n'avait pas été apte à faire un pas immédiat à la suite des magnifiques résultats obtenus par nos savants amis. J'essaie aujourd'hui de faire ce pas, et je suis heureux de pouvoir le tenter sous les yeux mêmes de M. Murchison, dans une séance honorée aussi de la présence de notre maître illustre et chéri M. Léopold de Buch.

J'ai préparé lentement, au fur et à mesure des observations, les éléments de ce nouveau progrès. Tant qu'elles ont manqué de précision et d'ensemble, j'ai dû m'abstenir d'arrêter complétement l'esquisse de la partie correspondante de mon tableau, et je me suis borné à indiquer l'existence d'un système de dislocations antérieur à celui des ballons et des collines du Bocage, auquel j'ai assigné la direction *hora* 3-4 de la boussole de Freyberg, c'est-à-dire celle que M. de Humboldt avait assignée dès 1792 aux roches schisteuses de l'Allemagne. Mais cette désignation ne répondait pas à celles que j'avais données pour les autres systèmes de dislocation dont j'avais fixé les orientations en degrés. Celle-ci comprenait toutes les directions plus rapprochées des heures 3 et 4 de la boussole que des autres heures, c'est-à-dire toutes celles comprises entre l'E. 22° $\frac{1}{2}$ N. et l'E. 52° $\frac{1}{2}$ N., de manière qu'elle s'appliquait également bien aux roches schisteuses des environs de Brest, dirigées E. 25° N. et aux roches schisteuses des montagnes des Maures et de l'Estérel, dirigées moyennement a l'E 46° N.

Cette trop grande généralité indiquait un état de choses provisoire dont j'essaie de sortir aujourd'hui, en montrant que les orientations qui sont comprises dans la désignation *hora 3-4*, ou qui approchent beaucoup d'y rentrer, constituent trois groupes distincts à la fois par leurs directions et par leurs âges relatifs, et comparables aux systèmes de montagnes plus anciennement définis des époques subséquentes.

En joignant à ces trois systèmes celui que M. Rivière a indiqué depuis quelques années sur les côtes S.-O. de la Vendée et de la Bretagne, comme étant dirigé à peu près au N.-O. et d'une date très ancienne, nous aurons les quatre termes de ma série qui me paraissent pouvoir être indiqués dès aujourd'hui comme antérieurs au système des ballons et des collines du Bocage.

Pour parvenir à disséquer et à analyser convenablement un ensemble d'observations aussi complexe que celui qu'on possède aujourd'hui sur les directions des roches stratifiées anciennes, il est indispensable de procéder avec méthode et précision. Dans la plupart des travaux de ce genre dont j'ai publié les résultats, j'ai employé un procédé graphique dans lequel j'ai fait usage d'une *projection stéréographique sur l'horizon du Mont-Blanc*, que j'ai calculée et fait graver exprès dès les premières années de mes recherches, et dont je me suis constamment servi depuis lors dans mes cours. Cependant comme je ne pourrais faire entrer cette projection dans le *Bulletin*, et comme je désire placer complétement sous les yeux de la Société tous les éléments de la discussion à laquelle je vais me livrer, je procéderai cette fois par la voie du calcul.

La méthode graphique et la méthode trigonométrique ont chacune leurs avantages.

La méthode graphique en a un qui me paraît inappréciable, celui de parler aux yeux, qui, pour des tâtonnements géométriques, sont toujours les premiers et les plus délicats des instruments; mais elle semble au premier abord moins précise que l'autre, quoique, dans la réalité, sa précision soit au moins égale à celle des observations mêmes auxquelles on l'applique.

La méthode trigonométrique, plus lente, et réellement plus rigoureuse, donne surtout avec plus de sûreté le résultat moyen d'un grand nombre d'observations.

Il semble d'ailleurs qu'on se trouve plus naturellement porté à se servir de la méthode graphique lorsqu'on a à combiner de

— 6 —

grands traits orographiques fortement dessinés sur les cartes, et à suivre au contraire la voie du calcul lorsqu'on a à réduire à une moyenne de nombreuses observations exprimées directement par des chiffres, telles que celles qu'on peut faire sur les roches schisteuses anciennes.

Rien n'empêche au surplus, même lorsqu'on ne peut publier que l'un des deux modes de discussion, de s'aider aussi de l'autre dans les tâtonnements préliminaires, et c'est ce que je n'ai pas négligé de faire pour vérifier mes résultats.

Lorsqu'on possède un grand nombre d'observations de direction faites dans une contrée peu étendue, on peut aisément les assembler par groupes en dressant pour cette contrée une *rose des directions* suivant la méthode que j'ai indiquée, et dont j'ai donné un exemple dans l'explication de la carte géologique de France, t. I, p. 461 à 467. Le point délicat consiste à comparer et à combiner sans erreur notable des observations faites dans des contrées plus ou moins éloignées.

Les chaînes de montagnes et les couches redressées forment sur la surface du globe différents systèmes dont chacun se fait remarquer par le parallélisme qui existe approximativement entre ses divers éléments. La sphéricité de la surface du globe apporte des difficultés dans la définition et dans l'analyse de ce parallélisme si frappant pour les yeux ; et, comme je l'ai dit ailleurs (1), « on sent bientôt la nécessité d'analyser cette première notion d'un » *certain parallélisme* avec assez d'exactitude pour que l'étendue » de l'espace, dans lequel ce parallélisme pourrait exister, ne soit » jamais dans le cas d'en mettre la définition en défaut.

» Pour cela, il faut avant tout se rappeler que, lorsqu'on trace » un alignement quelconque sur la surface de la terre, avec un » cordeau, avec des jalons ou de toute autre manière, la ligne » qu'on détermine est la plus courte qu'on puisse tracer entre les » deux points extrêmes auxquels elle s'arrête, et qu'abstraction » faite de l'effet du léger aplatissement que présente le sphéroïde » terrestre, *une pareille ligne est toujours un arc de grand cercle.*

» Deux grands cercles se coupant nécessairement en deux points » diamétralement opposés ne peuvent jamais être parallèles dans

---

(1) *Recherches sur quelques unes des révolutions de la surface du globe* (extrait imprimé dans la traduction française du *Manuel géologique* de M. de La Bèche, publié par M. Brochant de Villiers, et dans le IIIᵉ volume du *Traité de géognosie* de M. Daubuisson de Voisins, continué par M. Amédée Burat).

» le sens ordinaire de ce mot ; mais deux arcs de grand cercle
» d'une étendue assez limitée pour que chacun d'eux puisse être
» représenté par une de ses tangentes pourront être considérés
» comme parallèles, si deux de leurs tangentes respectives sont
» parallèles entre elles. C'est ainsi que tous les arcs de méridien
» qui coupent l'équateur sont réellement parallèles entre eux aux
» points d'intersection. En général, deux arcs de grands cercles
» peu étendus, sans être même infiniment petits, pourront être
» dits parallèles entre eux s'ils sont placés de manière à ce qu'un
» troisième grand cercle les coupe l'un et l'autre à angle droit
» dans leur point milieu. Par la même raison, un nombre quel-
» conque d'arcs de grands cercles, n'ayant chacun que peu de lon-
» gueur, pourront être dits parallèles à un même *grand cercle de*
» *comparaison*, si chacun d'eux en particulier satisfait à la con-
» dition ci-dessus énoncée par rapport à un élément de ce grand
» cercle auxiliaire. Pour cela, il est nécessaire et il suffit que les
» différents grands cercles qui couperaient à angle droit chacun de
» ces petits arcs dans son milieu aillent se rencontrer eux-mêmes
» aux deux extrémités d'un même diamètre de la sphère. Si cette
» condition est remplie, et si en même temps tous les petits arcs
» de grands cercles dont il s'agit sont éloignés des deux points
» d'intersection de leurs perpendiculaires, s'ils sont concentrés
» dans le voisinage du grand cercle qui sert d'équateur à ces deux
» pôles, ils pourront être considérés comme formant sur la surface
» de la sphère un *système de traits parallèles entre eux*. Les diffé-
» rents sillons d'un même champ ou de deux champs voisins ne
» peuvent jamais, à la rigueur, s'ils sont rectilignes, présenter
» d'autre parallélisme que celui qui vient d'être défini, et cette
» définition a l'avantage d'être indépendante de la distance à
» laquelle ces deux champs se trouvent placés (1). »

Le problème fondamental que présente un pareil système de
petits arcs observés sur la surface du globe, où ils sont tracés par des
crêtes de montagnes ou par des affleurements de couches, consiste
à déterminer le *grand cercle de comparaison* à l'un des éléments
duquel chacun des petits arcs observés est parallèle.

Les petits arcs déterminés par l'observation, dont nous venons
de parler, peuvent généralement être considérés comme étant eux-
mêmes des sécantes infiniment petites, ou des tangentes par rapport
à autant de petits cercles résultant de l'intersection de la surface de
la sphère avec des plans parallèles au *grand cercle de comparaison*

---

(1) *Manuel géologique*, p. 623, et *Traité de géognosie*, t. III, p. 294.

qui forme l'équateur de tout le système. Chacun de ces petits cercles est un parallèle par rapport à l'équateur du système, il a les mêmes pôles que lui et ces pôles sont les deux points où se coupent tous les grands cercles perpendiculaires aux petits arcs qui constituent le *système de traits parallèles* déterminé par l'observation.

Le problème auquel donne lieu un pareil *système de traits parallèles observé sur la surface du globe* se réduit, comme nous venons de le dire, à déterminer ses deux pôles, ou, ce qui revient au même, son équateur; c'est-à-dire *le grand cercle de comparaison* auquel chacun des petits arcs observés peut être considéré comme parallèle. Cette détermination serait facile, et elle pourrait se faire d'après deux ou du moins d'après quelques observations seulement, si la condition du parallélisme était rigoureusement satisfaite; mais comme elle ne l'est, en général, qu'approximativement, la détermination du *grand cercle de comparaison* ne peut plus résulter que de la moyenne d'un grand nombre d'observations combinées entre elles; et tant que les observations ne sont pas très multipliées et répandues sur un grand espace, on ne peut que marcher vers cette détermination par des approximations successives.

Afin de parvenir à résoudre le problème avec toute l'approximation dont il est susceptible, on peut remarquer que si tous les petits arcs satisfaisaient rigoureusement à la condition de parallélisme que nous avons définie, les tangentes menées à chacun d'eux dans son milieu seraient toutes parallèles au plan du *grand cercle de comparaison*, qui est, comme nous l'avons déjà dit, l'équateur de tout le système.

Dans ce cas, si, par un point quelconque de l'espace, on tirait des lignes droites respectivement parallèles aux tangentes menées aux petits arcs dans leur milieu, toutes ces droites seraient comprises dans un même plan, que deux quelconques d'entre elles suffiraient pour déterminer, et ce plan serait parallèle au plan du *grand cercle de comparaison*, équateur du système, et serait perpendiculaire au diamètre de la sphère qui en joint les deux pôles.

Mais en général la condition de parallélisme que nous avons définie n'est pas rigoureusement remplie par les petits arcs observés, et par suite les tangentes qu'on peut mener à chacun d'eux par son point milieu ne sont pas parallèles à un même plan. Donc si, par un point quelconque, par exemple par l'un des points de la surface où on a observé, on mène des droites qui soient respectivement parallèles aux tangentes de tous les arcs observés, ces droites ne seront pas comprises dans un même plan; mais elles formeront un *faisceau aplati*, et d'autant plus aplati que les petits arcs observés approcheront davantage de satisfaire à la loi du parallélisme.

On pourra alors faire passer par le point d'où partent toutes les droites qui composent ce faisceau un plan qu'on dirigera de manière à représenter ce qu'on pourrait appeler *la section principale de ce faisceau*, c'est-à-dire de manière à ce que les sommes des angles formés par les sécantes de part et d'autre de ce plan soient égales entre elles et les plus petites possible. Il est évident que le plan ainsi déterminé sera parallèle au plan du *grand cercle de comparaison* auquel tous les petits arcs approcheront le plus d'être parallèles et qui pourra être considéré comme l'*équateur approximatif* de tout le système et qu'il sera perpendiculaire à l'axe des pôles de cet équateur qui seront eux-mêmes les *pôles approximatifs* du système.

Pour déterminer ce plan qui est en général celui d'un petit cercle, il suffit de déterminer, pour le point de la surface de la sphère qui forme le sommet du faisceau, une tangente à la sphère qui y soit comprise, et de fixer en même temps l'angle formé avec ce même plan par le rayon de la sphère qui aboutit au sommet du faisceau.

Ces deux déterminations doivent être l'objet de deux opérations successives et distinctes.

Il faut, avant tout, élaborer les éléments de la forme du faisceau dont la section principale détermine la position de tout le système sur la sphère terrestre.

Pour cela on choisit parmi les points où les observations ont été faites un de ceux qui approchent le plus d'être le centre de figure du réseau formé par tous les points d'observation. Au besoin on prendrait même un point où aucune observation n'aurait été faite, mais qui serait le plus central possible par rapport à l'ensemble du réseau. Cette condition, qui, à la rigueur, n'est pas indispensable, devient cependant essentielle, ainsi que nous le verrons plus tard, lorsque, pour abréger les calculs, on se contente d'approximations.

Par le point qu'on a choisi pour être le sommet du faisceau, et que nous nommerons *centre de réduction*, on imagine des droites respectivement parallèles aux tangentes menées à chacun des petits arcs observés dans son point milieu, et on prolonge ces droites par la pensée à travers la sphère terrestre jusqu'à ce qu'elles reparaissent à la surface. Elles deviennent ainsi autant de *sécantes* de la sphère terrestre. Chacune d'elles sous-tend un arc de grand cercle qui part du sommet du faisceau et dont la grandeur et la position peuvent être déterminées par la résolution de deux triangles sphériques dont nous aurons plus tard à nous occuper.

Si tous les petits arcs observés faisaient rigoureusement partie d'un même système de traits parallèles, toutes les sécantes se trouveraient dans un même plan, et ce plan, qui déterminerait à lui seul tout le système, pourrait être nommé le *plan directeur*.

Le *plan directeur* coupe le plan tangent à la sphère, au sommet du faisceau des sécantes, c'est-à-dire au point choisi comme *centre de réduction*, suivant une droite tangente à la sphère, qui représente pour le sommet du faisceau la direction du système, et qu'on peut appeler la *tangente directrice*.

Le *plan directeur*, qui est généralement celui d'un petit cercle, coupe le plan du grand cercle perpendiculaire à la tangente directrice, suivant une droite qui part du *centre de réduction* et qui rencontre l'axe des pôles du système. L'angle que forme cette droite avec le rayon de la sphère, qui aboutit lui-même au *centre de réduction* est égal à celui qu'elle forme avec le plan du *grand cercle de comparaison*, équateur du système, et pourrait être appelé l'*angle équatorial*.

L'angle équatorial **E** *et l'angle* **A** *que la tangente directrice forme avec le méridien astronomique du centre de réduction* déterminent à eux seuls tout le système.

Ce sont ces deux angles **A** et **E** qu'il s'agit de déduire des observations, c'est-à-dire des directions des petits arcs observés et de leurs positions sur la sphère terrestre.

Si ces petits arcs étaient tous *exactement parallèles* à un même grand cercle de comparaison, les sécantes parallèles à deux d'entre eux suffiraient pour déterminer la position du *plan directeur* et par conséquent les deux angles cherchés **A** et **E**. Mais si, comme c'est le cas ordinaire, les petits arcs observés ne satisfont que d'une manière approximative à la condition du parallélisme avec un même grand cercle de comparaison, deux de ces petits arcs ne conduiront pas exactement au même *plan directeur* que deux autres, et on pourra déterminer autant de positions du *plan directeur* qu'il y aura de manières possibles de combiner deux à deux les petits arcs observés, c'est-à-dire que si ces petits arcs observés sont au nombre de m, on aura $\dfrac{m \cdot m - 1}{2}$ positions différentes du *plan directeur*, et par conséquent $\dfrac{m \cdot m - 1}{2}$, valeurs de l'angle A, formé par la *tangente directrice* avec le méridien du *centre de ré-*

duction, et $\dfrac{m \cdot \overline{m-1}}{2}$, valeurs de l'angle équatorial E. Les valeurs de A et de E qui devront être employées s'obtiendront par une moyenne.

On pourra cependant simplifier les calculs sans en changer le résultat d'une manière considérable, en prenant d'abord la moyenne de $\dfrac{m \cdot \overline{m-1}}{2}$ valeurs de l'angle A formé par la tangente directrice avec le méridien du *centre de réduction*, ce qui déterminera la position du grand cercle perpendiculaire à la *tangente directrice*; puis projeter les *m* sécantes sur ce dernier plan et prendre la moyenne de leurs *m* positions, ce qui donnera la valeur de l'angle équatorial E.

Mais le calcul, exécuté même de cette manière, serait encore d'une excessive longueur, et on n'aurait que bien rarement des observations de direction assez précises pour justifier une aussi longue élaboration. Il importe donc de simplifier ce travail autant qu'il soit possible de le faire, sans compromettre l'exactitude du résultat.

Or, une propriété très générale des systèmes des petits arcs observés fournit un moyen de simplification très satisfaisant.

Généralement tous les petits arcs observés sont compris dans une zone de peu de largeur, divisée en deux parties égales par un grand cercle qui est le *grand cercle de comparaison* ou l'équateur du système.

Si donc on prend pour *centre de réduction* un point compris dans la zone occupée par les points d'observation et aussi central que possible par rapport à l'ensemble de ces points, ledit sommet ne pourra être très éloigné de la position encore inconnue du *grand cercle de comparaison*, équateur du système, et l'angle équatorial devra être très petit. On pourra par conséquent, sans commettre une très grande erreur, procéder d'abord pour obtenir au moins une première détermination approximative de l'angle A formé par la *tangente directrice* avec le méridien astronomique du *centre de réduction*, comme si l'*angle équatorial* E devait être nul, c'est-à-dire comme si le centre de réduction était placé sur le *grand cercle de comparaison*.

S'il en était réellement ainsi, et si les petits arcs observés satisfaisaient rigoureusement à la condition du parallélisme, l'une quelconque des sécantes déterminerait tout le système, et les arcs de grands cercles, sous-tendus par les diverses sécantes, seraient des parties d'un même grand cercle qui serait le *grand cercle de com-*

paraison. L'angle formé par ce grand cercle avec le méridien astronomique du *centre de réduction* serait identique avec celui que forme la *tangente directrice* avec ce même méridien.

Si les petits arcs observés ne satisfont pas rigoureusement à la condition d'être parallèles à un même *grand cercle de comparaison*, chacun d'eux donnera une valeur différente de l'angle formé par la *tangente directrice* avec le méridien astronomique ; et si les points d'observation sont en nombre m, on aura à prendre la moyenne de ces m valeurs.

Cette première moyenne déterminera l'orientation de la *tangente directrice*, orientation qui est le plus essentiel des deux éléments cherchés.

Après l'avoir obtenue, il restera à déterminer l'*angle équatorial* E formé par le *plan directeur* avec le rayon de la sphère passant par le *centre de réduction*, en projetant les m sécantes sur le plan du grand cercle perpendiculaire à la *tangente directrice*.

La projection de chaque sécante se détermine par la résolution d'un triangle sphérique rectangle, dont l'arc sous-tendu par cette même sécante forme l'hypothénuse, et dont l'un des angles aigus est l'angle formé par cet arc et par le grand cercle perpendiculaire à la tangente directrice. Dans ce triangle rectangle on déterminera les deux côtés de l'angle droit qui seront ψ, l'arc mené perpendiculairement de l'extrémité de la sécante sur le grand cercle perpendiculaire à la *tangente directrice*, et α, l'arc de ce grand cercle, compris entre le pied de la perpendiculaire et le sommet du faisceau des sécantes. La valeur correspondante de l'*angle équatorial* E sera donnée par la formule

$$\tan E = \frac{\sin \alpha \cos \psi}{1 - \cos \alpha \cos \psi}$$

Si on a pris l'un des points d'observation pour le *centre de réduction*, on aura pour ce point $\alpha = 0 \quad \psi = 0$, et la formule se réduira à $\tan E = \frac{0}{0}$. La valeur correspondante de E sera donc indéterminée, et on devra prendre simplement la moyenne des valeurs correspondantes aux $m - 1$ autres points. Il est naturel qu'il en soit ainsi, car le point qu'on a choisi pour le sommet du faisceau des sécantes ne peut donner lui-même de sécante ; ainsi il ne fournit pas d'élément direct pour la détermination de l'angle E. Il n'influe sur la valeur de cet angle que par l'effet de la supposition qu'on a faite volontairement que le grand cercle de comparaison passe par le point adopté comme *centre de réduction*, et cette supposition se trouve introduite dans les calculs relatifs à tous les autres points.

Dans le cas où il n'y aurait qu'un seul point d'observation

et où ce point aurait été pris pour *centre de réduction*, l'angle E resterait complétement indéterminé, et il est clair, en effet, que dans ce cas le *plan directeur* doit rester indéterminé. Cependant si, dans le cas où il n'y a qu'un seul point d'observation, on prenait un autre point pour centre de réduction, le calcul s'effectuerait sans difficulté, mais alors il y aurait une sécante, l'angle formé par le grand cercle perpendiculaire à la tangente directrice et par l'arc du grand cercle sous-tendu par la sécante serait droit ; l'angle α serait généralement nul et l'angle ψ ne le serait pas : donc *tang* E serait 0, et l'angle E serait lui-même égal à 0 ; cela signifierait que le *plan directeur* passerait par le centre de la sphère, résultat qui ne fait que reproduire la supposition introduite arbitrairement, que le point pris pour *centre de réduction* est situé sur le *grand cercle de comparaison*, équateur du système. Dans le cas seulement où la sécante sous-tendrait un arc de 90', l'arc ψ serait lui-même de 90°, mais alors l'arc α serait indéterminé et par suite la valeur de *tang* E serait elle-même indéterminée. Tous ces résultats sont conformes à la nature des choses, et sont autant de confirmations de l'exactitude de la marche que j'ai indiquée.

Toutes les sécantes étant projetées sur un plan qui passe par le *centre de réduction*, sommet du faisceau, on tire dans ce plan, par le même sommet, une ligne dirigée de manière que la somme des angles formés au-dessus d'elle par la projection d'une partie des sécantes soit égale à la somme des angles formés au-dessous par les projections des autres sécantes. Cette ligne est la trace du *plan directeur*, c'est-à-dire du plan du petit cercle qui fixe sur la sphère la position de tout le système auquel les petits arcs observés appartiennent approximativement.

Cette dernière ligne, qui passe au *centre de réduction*, forme, avec le rayon de la sphère qui part du même point, un angle E qui détermine la distance du petit cercle obtenu à l'équateur du système. Cet angle, qui représente la latitude du petit cercle par rapport à cet équateur, a pour valeur la moyenne des m ou $m - 1$ valeurs de l'angle E ; si on trouve que cette valeur est nulle, ou pour mieux dire, que la somme des valeurs de l'angle E, qui tombent au-dessus du centre de la sphère, est égale à celle des valeurs du même angle qui tombent au-dessous, on en conclura que le point pris pour *centre de réduction* avait été choisi de la manière la plus heureuse, c'est-à-dire qu'il se trouvait réellement sur le *grand cercle de comparaison* ; mais généralement il n'en sera pas tout à fait ainsi, et la position moyenne de toutes les sécantes projetées passera au-dessus et au-dessous du centre de la sphère, et donnera une valeur approximative de *l'angle équatorial* E, de laquelle on déduira d'une manière approximative aussi la position du *grand cercle de comparaison.*

Si cet angle est petit, ce qui arrivera le plus souvent, on pourra considérer l'opération comme terminée ; mais si cet angle était un peu grand, on pourrait regarder seulement comme provisoire la position obtenue pour le *grand cercle de comparaison*, et recommencer toute l'opération en prenant pour *centre de réduction* un point situé sur ce grand cercle provisoire. On arriverait ainsi par des approximations successives, qu'on peut porter aussi loin qu'on le voudra, aux valeurs des deux angles cherchés.

De ces deux angles, ainsi que je l'ai déjà dit, le plus important à connaître et le plus facile à déterminer approximativement est l'angle A que forme la *tangente directrice* avec le méridien du centre de réduction. L'*angle équatorial* E est généralement très petit. Il a besoin, par conséquent, d'être déterminé avec précision, et il arrive bien souvent que les observations qui fixent les directions des petits arcs observés en différents points de la surface de la terre ne sont pas assez précises pour que cette dernière détermination présente quelque chance d'exactitude. Comme les calculs numériques qu'elle exige sont fort longs, on fera bien de ne les entreprendre qu'autant que les observations de direction qu'on aura réunies paraîtront assez exactes pour mériter d'être soumises à une élaboration aussi ardue. Il ne faut pas perdre de vue que les angles α et ψ, qui déterminent la valeur de l'angle équatorial E, dépendent eux-mêmes des *différences* entre la valeur moyenne de l'angle A et les valeurs particulières dont cette valeur moyenne est déduite. On concevra, d'après cela, que l'*angle équatorial* E devant généralement être assez petit, il ne pourrait être déterminé d'une manière véritablement satisfaisante qu'autant que les observations de direction seraient plus exactes et plus nombreuses qu'elles ne le sont ordinairement.

Au reste, renoncer à déterminer cet angle, c'est tout simplement se borner à admettre que le *grand cercle de comparaison* doit passer assez près du centre de réduction pour que la distance à laquelle il en passe et le sens dans lequel cette distance doit être comptée importent peu à connaître ; or, cette supposition est souvent indiquée par l'ensemble des observations, même de celles qui ne peuvent entrer dans le calcul d'une manière assez évidente pour qu'on ne pût songer à s'en départir que par suite de calculs basés sur des données rigoureuses

On s'en tient alors à la première des deux opérations que j'ai indiquées, et on considère la *tangente directrice* qu'elle détermine comme celle d'un grand cercle peu éloigné du véritable équateur du système et propre à le remplacer provisoirement. C'est en partie afin que cette substitution présente le moins de chances d'erreur possible que le *centre de réduction*, qui doit devenir un des points de cet équateur provisoire, doit être placé dans la position la plus centrale possible par rapport à l'ensemble des points d'observation.

L'opération doit toujours commencer par mener d'un *point central de réduction*, que l'adresse de l'opérateur consiste à choisir le mieux possible, des sécantes parallèles à tous les petits arcs observés ; à déterminer les angles formés par le méridien astronomique du point qu'on a choisi comme *centre de réduction* avec les arcs du grand cercle que sous-tendent ces sécantes, et à prendre ensuite la moyenne de tous les angles ainsi déterminés.

Or, cette moyenne peut être obtenue très facilement avec une approximation suffisante.

En effet, pour déterminer le grand cercle qui, partant du point pris pour sommet du faisceau des sécantes ou pour *centre de réduction*, renferme dans son plan la sécante parallèle à un petit arc observé en un point donné, il suffit de joindre ce dernier point au *centre de réduction* par un arc du grand cercle qui forme la base d'un triangle sphérique, dont les deux autres côtés sont les portions du mériden du *centre de réduction* et du *point d'observation* considéré, compris entre ces points et le pôle de rotation de la terre. On résout ce triangle, et on connaît ainsi l'angle formé par l'arc de jonction des deux points avec leurs méridiens respectifs ; on peut aussi déterminer la longueur de cet arc.

On résout ensuite le triangle sphérique rectangle dont ce même arc est l'hypothénuse et dont l'un des côtés de l'angle droit est la moitié de l'arc sous-tendu par la sécante qui correspond au point d'observation qu'on a considéré. On arrive ainsi à connaître la longueur de l'arc sous-tendu par cette sécante et l'angle formé par cet arc et le méridien du point choisi comme *centre de réduction*.

Ayant répété la même opération pour tous les points d'observation, on connaît les angles formés avec le méridien du *centre de réduction* par tous les arcs sous-tendus par les sécantes, et on n'a plus qu'à exécuter un simple calcul arithmétique.

Lorsqu'on doit s'en tenir à cette première partie du travail, à celle qui détermine la *tangente directrice*, l'opération, que je viens d'indiquer, peut recevoir, sans inconvénient, de grandes simplifications qui la rendent d'une pratique très facile.

On n'a plus besoin alors de connaître la longueur de l'arc sous-tendu par chaque sécante ; il suffit de connaître l'angle qu'il forme avec le méridien du *centre de réduction*. Cet angle lui-même n'a pas besoin d'être calculé directement ; on peut se borner à le supposer égal à celui que forme le petit arc observé au point d'observation auquel la sécante correspond avec le méridien de ce point, après avoir augmenté ou diminué cet angle d'une quantité égale à la *différence des angles alternes internes* que forme l'arc de jonction du *centre de réduction* et du *point d'observation* avec leurs méridiens respectifs.

Cette différence est connue par la résolution du triangle sphérique dont ces deux points et le pôle de rotation de la terre constituent les trois sommets ; et c'est la seule quantité pour la détermination de laquelle on ait besoin de recourir aux formules de la trigonométrie sphérique. Il est vrai que cette simplification introduit une inexactitude ; l'angle formé par le méridien du *centre de réductions*, avec chacun des arcs sous-tendus par les sécantes, se trouve augmenté ou diminué d'une quantité égale à l'*excès sphérique* (1) des trois angles du triangle sphérique rectangle dont la moitié de cet arc forme un des côtés de l'angle droit, et dont l'arc de jonction du *centre de réduction* avec le *point d'observation* correspondant forme l'hypothénuse. Mais il est aisé de voir que, dans la moyenne finale, les *excès sphériques* des triangles rectangles dont il s'agit doivent entrer les uns positivement, et les autres négativement, et que si le *centre de réduction* est habilement choisi, ces *excès sphériques*, dont chacun en particulier est ordinairement peu considérable, à moins que les points d'observation n'en soient répartis sur un très grand espace, doivent se détruire sensiblement, et n'influer sur la moyenne que d'une quantité négligeable. L'opération se réduit alors tout simplement à joindre le *centre de réduction* avec les points d'observation par autant d'arcs de grands cercles, et à déterminer la différence des angles alternes internes que ces arcs de jonction forment avec les méridiens de leurs deux extrémités.

J'ai souvent employé, pour résoudre ce problème, une méthode graphique dans laquelle je me sers de la *projection stéréographique sur l'horizon du Mont-Blanc* dont j'ai déjà parlé ci-dessus ; mais

---

(1) Voyez, pour la définition et le calcul de l'*excès sphérique* de la somme des trois angles d'un triangle sphérique, la géométrie de Legendre et les notes qui font suite à sa trigonométrie (*Géométrie et trigonométrie de Legendre*, 10ᵉ édit., p. 225 et 424.)

j'ai préféré employer aujourd'hui la méthode trigonométrique.

Elle se réduit à la résolution d'une suite de triangles sphériques dont chacun a pour base l'arc de grand cercle qui joint le *centre de réduction* à l'un des points d'observation, et pour sommet le pôle de rotation de la terre ; il n'est pas même nécessaire , pour notre objet actuel , de résoudre ces triangles complétement : on n'a pas besoin de connaître la longueur de leur base ; il suffit de calculer les angles qu'elle forme avec les deux méridiens auxquels elle aboutit, pour en déduire la *différence des angles alternes internes qu'elle forme avec ces méridiens* , différence qui entre seule dans la suite du calcul.

Or, pour connaître cette différence avec une approximation suffisante , il n'est pas non plus nécessaire d'effectuer les calculs relatifs à tous les triangles sphériques indiqués. Ces calculs exigeraient beaucoup de temps, mais on peut les abréger singulièrement sans trop en diminuer la rigueur, au moyen du tableau suivant que j'ai formé des résultats obtenus par la résolution de trente-six triangles, ayant tous pour sommet le pôle boréal et pour leurs deux autres angles différents points de l'Europe pris à diverses latitudes, depuis la Laponie jusqu'en Grèce et en Sicile. Ayant eu l'idée de ranger les résultats suivant l'ordre des latitudes moyennes des deux sommets méridionaux de chaque triangle, j'ai vu de suite que les irrégularités de leur marche n'étaient pas assez grandes pour empêcher de faire entre eux des interpolations approximatives d'une exactitude suffisante pour la pratique dans le plus grand nombre des cas. J'ai pensé dès lors que leur publication pourrait avoir son utilité.

Tableau présentant, pour différents points de l'Europe, la différence des angles formés par leur ligne de jonction avec leurs méridiens respectifs.

Points comparés.	Latitudes.	Longitudes.	Latitude moyenne.	Différence des longitudes.	Différence des angles att. int.	Rapports entre les diff. des long. et des ang. att. int.
Laponie............	70°00'00" N	23°30'60" E	62°17'30"	28°29'13"	25°42'24"	1 : 0,89715
Keswick............	54 35 00	5 9 13 O				
Viborg.............	60 42 40	26 25 50 E	60 1 37	10 42 31	9 17 00	1 : 0,86690
Stockholm..........	59 20 34	15 43 19 E				
Laponie............	70 00 00	23 30 00 E	60 2 39½	11 25 00	10 13 00	1 : 0,89489
Prague.............	50 5 19	12 5 00 E				
Gelle..............	60 39 45	14 48 15 E	59 11 54½	5 10 46	4 27 2	1 : 0,85932
Gotheborg..........	57 44 4	9 37 30 E				
Soderkoping........	58 28 30	14 00 00 E	58 10 7½	4 21 15	3 42 00	1 : 0,84970
Kongelf............	57 51 45	9 38 45 E				
Viborg.............	60 42 40	26 25 50 E	57 38 40	31 35 3	26 54 42	1 : 0,85206
Keswick............	54 35 00	5 9 13 O				
Christiania........	59 55 20	8 28 39 E	57 16 10	13 37 43	11 28 26	1 . 0,84186
Keswick............	54 35 00	5 9 13 O				
Stockholm..........	59 20 34	15 43 19 E	56 57 47	20 52 32	17 54 24	1 · 0,84181
Keswick............	54 35 00	5 9 13 O				
Laponie............	70 00 00	23 30 00 E	56 42 30	23 50 00	20 31 52	1 : 0,83084
Montagne Noire.....	43 25 00	0 20 00 O				
Grampians..........	56 25 00	6 37 00 O	55 30 00	1 28 00	1 12 32	1 : 0,82424
Keswick............	54 35 00	5 9 00 O				
Gotheborg..........	57 44 4	9 37 30 E	55 9 32	14 47 40	12 10 40	1 : 0,82701
Church-Stretton....	52 35 00	5 10 30 O				
Viborg.............	60 42 40	26 25 50 E	54 32 57	33 15 25	27 29 52	1 . 0 82701
Brest..............	48 23 14	6 49 35 O				
Grampians..........	56 25 00	6 37 00 O	54 30 00	1 26 40	1 10 36	1 : 0,81462
Church-Stretton....	52 35 00	5 10 20 O				
Stockholm..........	59 20 34	15 43 19 E	53 51 54	22 33 4	18 21 32	1 : 0,81430
Brest..............	48 23 14	6 49 5 O				
Grampians..........	56 25 00	6 37 00 O	53 15 9½	18 42 00	15 3 50	1 : 0,80510
Prague.............	50 5 19	12 5 00 E				
Keswick............	54 35 00	5 9 13 O	53 11 44½	13 25 33	10 46 10	1 : 0,80214
Brocken............	51 48 29	8 16 0 E				
Grampians..........	56 25 00	6 37 00 O	52 32 1¼	2 16 34	1 48 40	1 : 0,79570
Saint-Malo.........	48 39 3	4 21 26 O				
Keswick............	54 35 00	5 9 13 O	52 20 9½	17 14 13	13 41 42	1 : 0,79613
Prague.............	50 5 19	12 5 00 E				
Keswick............	54 35 00	5 9 13 O	52 15 00	10 39 13	8 26 24	1 : 0,79219
Binger Loch........	49 55 00	5 30 00 E				
Keswick............	54 35 00	5 9 13 O	52 6 30	18 36 17	14 44 40	1 : 0,79251
Budwes.............	49 38 00	13 26 54 E				
Church Stretton....	52 35 00	5 10 20 O	51 6 30	18 37 14	14 32 54	1 : 0,78130
Budweis............	49 38 00	13 26 54 E				
Prague.............	50 5 19	12 5 00 E	50 1 00	2 50 31	2 10 54	1 : 0,76767
Bayreuth...........	49 56 41	9 15 29 E				
Bayreuth...........	49 56 41	9 15 29 E	49 55 50½	3 45 29	2 51 35	1 : 0,76539
Binger-Loch........	49 55 00	5 30 00 E				
Prague.............	50 5 19	12 5 00 E	49 22 11	16 26 26	12 28 24	1 : 0,75811
Saint Malo.........	48 39 3	4 21 26 O				
Prague.............	50 5 19	12 5 00 E	49 17 39½	18 15 00	13 52 10	1 : 0,76058
Morlaix............	38 50 00	6 10 00 O				
Binger Loch........	49 55 00	5 30 00 E	49 17 1¼	9 51 26	7 28 46	1 : 0,75878
Saint-Malo.........	48 39 3	4 21 26 O				
Saint-Malo.........	48 39 3	4 21 26 O	48 31 8¼	2 28 9	1 51 00	1 : 0,74924
Brest..............	48 23 14	6 49 35 O				
Keswick............	54 35 00	5 9 13 O	48 15 00¼	11 33 2	8 44 22	1 : 0,75663
Ajaccio............	41 55 1	6 23 49 E				
Church Stretton....	52 35 00	5 10 20 O	47 55 43¼	9 28 49	7 3 50	1 : 0,74511
Saint Tropez.......	43 16 27	4 18 29 E				
Prague.............	50 5 19	12 5 00 E	46 45 9¼	12 25 00	9 4 36	1 : 0,73101
Montagne Noire.....	43 25 00	0 20 00 O				
Prague.............	50 5 19	12 5 00 E	46 40 53	7 46 31	5 39 00	1 : 0 72766
Saint-Tropez.......	43 16 27	4 18 29 E				
Prague.............	50 5 19	12 5 00 E	46 00 10	5 41 11	4 7 40	1 : 0,72590
Ajaccio............	41 55 4	6 23 49 E				
Prague.............	50 5 19	12 5 00 E	45 33 23	14 50 00	10 39 8	1 : 0,71798
Constantinople.....	41 1 27	26 35 00 E				
Montagne Noire.....	43 25 00	0 20 00 O	43 20 43½	4 38 29	3 11 28	1 : 0 69830
Saint Tropez.......	43 16 27	4 18 29 E				
Brest..............	48 23 14	6 49 35 O	43 17 8¼	20 4 5	13 53 26	1 : 0,69217
Messine............	38 11 3	13 14 30 E				
Brest..............	48 23 14	6 49 35 O	43 1 13	28 30 54	19 44 42	1 : 0,69244
Cap Colonne........	37 39 12 N	21 41 19 E				

Les trois premières colonnes de ce tableau, vers la gauche, indiquent, deux par deux, les points de l'Europe qui ont formé, avec le pôle boréal, les trois sommets de chaque triangle, ainsi que leurs latitudes et leurs longitudes. Les deux colonnes suivantes indiquent la moyenne des latitudes et la différence des longitudes des deux sommets de chaque triangle adjacents à sa base. La sixième colonne indique la différence des angles alternes internes formés par l'arc du grand cercle qui joint les deux sommets méridionaux de chaque triangle avec les méridiens de ces deux points, qui forment les deux autres côtés du triangle. Cette différence est le moyen de comparaison des orientations observées aux deux sommets méridionaux.

Enfin, la septième et dernière colonne du tableau indique le rapport qui existe dans chaque triangle entre l'angle au pôle, qui n'est autre que la *différence des longitudes* des deux sommets méridionaux, et la *différence des angles alternes internes* formés par l'arc de grand cercle qui joint ces deux sommets avec leurs méridiens respectifs.

En examinant attentivement le tableau, on verra que ce rapport décroît avec une certaine régularité à mesure que la latitude moyenne des deux sommets méridionaux du triangle diminue, c'est à-dire à mesure que ce triangle s'allonge vers l'équateur et pproche de devenir un demi-fuseau. Il est aisé de concevoir qu'en effet le rapport dont il s'agit doit suivre cette marche décroissante. Si le triangle était infiniment petit et que les deux sommets méridionaux fussent à une distance infiniment petite du pôle, le rapport serait celui de l'égalité, 1 à 1. Si le triangle était équivalent à un demi-fuseau, ce qui suppose que l'un des sommets méridionaux du triangle est aussi éloigné de l'équateur vers le S. que l'autre vers le N., le rapport serait celui de 1 à zéro. Si le triangle était isocèle, ce qui suppose que les deux sommets méridionaux sont à la même latitude, le rapport s'obtiendrait par la résolution de l'un des deux triangles rectangles dont le triangle isocèle se composerait, et le rapport des tangentes des deux angles serait égal à celui de l'unité au sinus de la latitude. Enfin, dans le cas ordinaire où les deux sommets méridionaux du triangle ont des latitudes inégales, le second rapport a la valeur qu'il aurait s'ils étaient ramenés l'un et l'autre à leur latitude moyenne augmentée d'une petite quantité. En effet, la différence entre la différence des longitudes des deux sommets méridionaux du triangle et celle des angles alternes internes formés par l'arc qui les joint avec leurs méridiens respectifs est égale à l'*excès sphérique* des trois angles du triangle lui-même, et la somme des deux côtés de ce triangle qui aboutissent au pôle étant constante, l'*excès sphérique* de ses trois angles, qui est proportionnel à sa surface, est d'autant plus grand que les deux côtés approchent plus de l'égalité. Quand le milieu de la base se trouve sur l'équateur, l'excès sphérique est égal à l'angle au pôle, c'est-à-dire à la différence de longitude des deux côtés méridionaux, d'où il résulte que la différence des angles alternes internes formés par la base avec les deux méridiens est nulle, et que le rapport est, comme nous venons de le dire, celui de 1 à zéro. Il en serait de même si, la base étant oblique, elle avait son point milieu sur l'équateur.

J'ai été étonné au premier abord de la petitesse des irrégularités que présente dans sa marche le rapport qui nous occupe, car il me paraissait naturel de croire que pour des points placés d'une manière aussi disparate que ceux qui entrent dans le tableau, le rapport de la septième colonne aurait varié d'une manière plus irrégulière. D'une autre côté, si l'on remarque que la marche décroissante de ce rapport n'est pas complétement régulière, et présente même des anomalies, on pourra s'étonner que j'aie consigné ici cette série irrégulière. J'aurais pu en obtenir une parfaitement régulière en considérant une suite de triangles isocèles, qui tous auraient eu le même angle au sommet, et dont chacun aurait eu ses deux sommets méridionaux à la même latitude. Chacun d'eux se serait décomposé en deux triangles rectangles, et dans chacun de ceux-ci on aurait pu calculer la différence des angles alternes internes formés par la base avec les méridiens extérieurs au moyen de la formule : *tang* C $=$ *sin a tang* B, où *a* représente la latitude comptée, comme à l'ordinaire, à partir de l'équateur, et B l'angle au pôle ; formule dans laquelle on lit que dans ce cas le rapport de la septième colonne décroîtrait régulièrement du pôle, où il serait 1 : 1, à l'équateur, où il serait 1 : 0. Mais il n'y a aucune raison pour remplacer une formule très simple par un pareil tableau, qui lui-même n'aurait pu être appliqué à des triangles non isocèles et même à des triangles isocèles où l'angle B aurait eu une valeur différente de celle employée, que d'une manière approximative et *sans qu'on pût apprécier le degré de l'approximation*, tandis que le tableau que je présente fait voir d'un coup d'œil de quel ordre est l'erreur, toujours assez peu considérable, que l'on est exposé à commettre pour des points de *latitudes différentes*, et tous renfermés dans l'étendue de l'Europe, en remplaçant le calcul d'un triangle sphérique par une simple proportion dont il fournit le rapport. Il demeure bien entendu que ce tableau, de même que la projection stéréographique dont j'ai déjà parlé, n'est qu'un instrument expéditif de tâtonnement, et que, si l'on veut obtenir un résultat absolument rigoureux, il faut prendre le temps d'exécuter le calcul trigonométrique; mais en pareille matière on a plus à craindre d'être induit en erreur par les illusions qu'un simple calcul approximatif aurait fait disparaître, que par les inexactitudes que ce calcul pourrait renfermer.

Les géologues qui se livrent à des rapprochements entre les directions des différents accidents que présente l'écorce terrestre doivent toujours être en garde contre les illusions qui résultent de la forme sphérique de la terre et de la manière dont elle est représentée sur les cartes géographiques.

Au moyen du tableau ci-dessus on pourra dissiper ces illusions pour ainsi dire d'un trait de plume, et son emploi pourra être utile non seulement pour les calculs qui me l'ont fait construire, mais pour une foule de tâtonnements géométriques relatifs à des comparaisons de directions.

La combinaison élémentaire dont ces tâtonnements se composent consiste essentiellement à examiner si deux petits arcs de grands cercles placés sur la sphère, à quelque distance l'un de l'autre, sont exactement ou à peu près parallèles entre eux.

Ces deux petits arcs, d'après la définition rappelée ci-dessus, seront exactement parallèles entre eux, si un même grand cercle les coupe l'un et l'autre perpendiculairement par leur point milieu ; mais ils seront déjà très voisins du parallélisme, si l'arc du grand cercle qui joint le milieu de l'un au milieu de l'autre est peu étendu, et fait avec eux des angles alternes internes égaux. En effet, ils feront alors partie des deux côtés d'un fuseau de peu de largeur, dont le milieu de l'arc de jonction sera le centre ; ils occuperont sur les deux côtés de ce fuseau des positions symétriques, et prolongés l'un et l'autre jusqu'à l'équateur du fuseau, ils y seront exactement parallèles. Considérés dans les points mêmes où ils ont été observés, ils ne peuvent être parallèles l'un à l'autre que par l'intermédiaire d'un *grand cercle de comparaison*. Il est assez naturel de choisir pour *grand cercle de comparaison* l'un des deux arcs prolongé, et dans ce cas le défaut de parallélisme que les deux arcs présenteront dans les points où on les a observés a pour mesure l'*excès sphérique* du triangle rectangle formé par l'arc de jonction des points milieu des deux arcs, par l'un des deux arcs prolongés, et par la perpendiculaire abaissée sur son prolongement du point milieu de l'autre arc. A moins que ce triangle ne soit très grand, ce qui suppose les deux points très éloignés l'un de l'autre, *l'excès sphérique* dont il s'agit sera toujours peu considérable ; les deux petits arcs pourront donc, dans le plus grand nombre des cas, être considérés comme sensiblement parallèles si l'arc qui joint leurs points milieu forme avec eux des angles alternes internes égaux.

Réciproquement, si en un point donné on veut tracer un petit arc de grand cercle parallèle à un autre petit arc de grand cercle existant en un autre point de la sphère, il suffit de joindre les deux points par un arc de grand cercle, et de tracer le nouvel arc de manière qu'il fasse avec l'arc de jonction le même angle que l'arc observé.

En opérant de cette manière pour transporter une direction d'un point à un autre, on se rapproche, autant que possible, du procédé par lequel on trace, par un point donné d'un plan, une parallèle à une droite donnée dans ce plan. On a égard à la convergence des méridiens vers le pôle de rotation de la terre, comme on aurait égard sur un plan à la convergence des rayons vecteurs vers leur foyer ; mais on fait abstraction, du reste, des effets de la courbure de la terre.

Pour se rendre raison de cette espèce de départ qu'on opère ainsi, entre deux effets provenant l'un et l'autre d'une même cause, la sphéricité de la terre, il suffit d'imaginer qu'on détache le réseau des points d'observation de la partie de la sphère terrestre à laquelle il appartient pour l'appliquer, sans le déformer, sur la zone torride, de manière que la ligne équinoxiale le divise en deux parties égales. On pourra alors, sans commettre de bien grandes erreurs, considérer les méridiens comme des droites parallèles, et transporter une direction d'un point à un autre par le même procédé que si on opérait sur un plan. On pourra, par exemple, prendre un point de la ligne équinoxiale pour *centre de réduction*, et mener par ce point des droites formant avec le méridien du lieu les mêmes angles que chacun des petits arcs observés avec les méridiens respectifs de leurs points milieu, puis prendre la moyenne des directions ainsi transportées en un même point, comme on le ferait sur un plan. Or, la zone torride, où la terre, abstraction faite de l'aplatissement, dont nous ne tenons aucun compte, est courbe comme partout ailleurs, ne présente ici d'autre avantage que le parallélisme presque exact des méridiens, parallélisme qui dispense de considérer la différence des angles alternes internes que fait avec deux méridiens différents un arc du grand cercle qui les coupe. Mais la courbure de la terre est ici, comme partout ailleurs, la source d'une petite erreur, mesurée dans la comparaison de deux points, par l'*excès sphérique* de la somme des trois angles d'un triangle rectangle, dont l'hypothénuse est l'arc qui joint les deux points et dont l'un des côtés de l'angle droit est la prolongation du petit arc observé.

On pourrait aussi imaginer que le réseau des points d'observation, après avoir été enlevé de la surface de la sphère terrestre, fût appliqué sans déformation sur la région polaire, de manière à ce que son point central coïncidât avec le pôle qui deviendrait le *centre de réduction*. Chaque petit arc observé sur la surface de la sphère serait transporté au pôle de manière à y faire encore le même angle avec le méridien de son point milieu; puis on prendrait la moyenne des directions de tous ces petits arcs transportés au pôle. Ce serait opérer comme si on avait substitué à la surface sphérique de la terre un plan qui lui serait tangent au pôle même. Les méridiens seraient sensés développés sur des droites passant par le pôle, et les parallèles deviendraient des cercles ayant le pôle pour centre commun. Pour les points très voisins du pôle, cette substitution n'entraînerait que des erreurs insensibles; mais à mesure qu'on s'éloignerait du pôle l'inexactitude serait de plus en plus grande. Dans le transport de tous les petits arcs observés au pôle exécuté ainsi, comme si on opérait sur un plan, il y aurait réellement un petit défaut de parallélisme entre l'arc transporté et celui qui aurait servi de point de départ, et ce défaut de parallélisme aurait toujours pour mesure l'*excès sphérique* du triangle rectangle, dont l'arc de jonction du point d'observation au *centre de réduction* est l'hypothénuse, et dont le petit arc observé, prolongé autant qu'il est nécessaire, forme un des côtés de l'angle droit.

Dans tout l'espace intermédiaire entre la région équatoriale et la région polaire, les méridiens et les parallèles, qui servent de coordonnées pour déterminer les positions des points sur la surface du globe, cessent de pouvoir se construire sans erreur sensible sur des coordonnées rectangulaires ou sur des coordonnées polaires tracées sur un plan; ils ont en quelque sorte une manière d'être intermédiaire entre celle des coordonnées rectangulaires et celle des coordonnées polaires. Projetés de telle manière qu'on voudra sur un plan qui serait tangent à la sphère terrestre vers le milieu de l'hémisphère boréal, les méridiens seront toujours représentés par les lignes convergentes. On doit avant tout tenir compte de cette convergence, et on y parvient au moyen de la résolution d'un triangle sphérique, ou par l'emploi plus expéditif du tableau donné ci-dessus; on fait ainsi l'équivalent exact de l'opération que je viens d'indiquer pour les régions polaires et équatoriales. Mais tenir compte de cette disposition des coordonnées n'est pas encore tenir un compte complet de la courbure de la surface, et l'erreur commise a toujours pour mesure, dans ce cas comme dans les précédents, l'*excès sphérique* de ce même triangle rectangle dont j'ai indiqué les éléments.

La région polaire et la région équatoriale, ainsi que nous venons de le dire, n'ont ici d'autre avantage que la simplicité de la disposition des méridiens et des parallèles, qui sont les coordonnées au moyen desquelles les positions des points sont déterminées sur la surface de la sphère, et qui peuvent, sans erreur notable, être construites sur des coordonnées planes, savoir : pour la région équatoriale, sur des coordonnées rectangulaires, et pour la région polaire, sur des coordonnées polaires.

Les dispositions particulières que présentent ainsi les coordonnées sphériques dans les diverses régions de la sphère correspondent à celles qu'y présente la spirale loxodromique. On sait que l'arc de loxodromie qui coupe l'équateur se confond avec un arc d'hélice tracé sur le cylindre qui enveloppe la terre suivant son équateur, arc dont le développement est une ligne droite, et que la partie de la loxodromie qui se trouve à une très petite distance du pôle ne diffère pas d'une manière appréciable d'une spirale logarithmique; l'hélice et la spirale logarithmique sont des simplifications que la loxodromie éprouve en deux points particuliers de son cours sans que ses propriétés en soient altérées. De même les simplifications que la disposition particulière des méridiens apporte à certaines constructions près des pôles et de l'équateur ne change rien à la valeur réelle de ces constructions, et laisse exactement la même erreur que l'on commet lorsqu'on opère relativement aux deux extrémités d'un arc du grand cercle tracé sur la sphère, comme on opérerait aux deux extrémités d'une ligne droite tracée sur un plan. Or, c'est là précisément ce qu'on fait lorsque, en s'en tenant à la première partie des opérations que j'ai indiquées, on trace aux deux extrémités d'un arc du grand cercle placé sur la sphère terrestre d'autres arcs, qui forment avec lui des angles alternes internes respectivement égaux; car on fait abstraction de la courbure de cet arc, tout en tenant compte de la diversité des angles sous lesquels il coupe les différents méridiens.

Cette diversité des angles sous lesquels l'arc de jonction des deux localités coupe les différents méridiens est toujours en effet la première chose à considérer. Lorsqu'on veut comparer la topographie géologique d'une localité à celle d'une autre localité sous le rapport du parallélisme des accidents qui s'y observent, la première chose à faire est de déterminer la différence des angles alternes internes que forment, avec les méridiens des deux localités, l'arc de grand cercle qui les joint.

Des lignes (de petits arcs de grands cercles réduits à leurs tangentes), menées dans les deux localités perpendiculairement à l'arc qui les joint, seraient parallèles entre elles, dans toute la rigueur de l'expression. Si ensuite on faisait tourner ces petits arcs de quantités égales et dans le même sens, ils conserveraient encore l'apparence du parallélisme, mais ils ne seraient plus rigoureusement parallèles; ils occuperaient des positions symétriques dans un fuseau dont le point central serait au milieu de l'arc de jonction des deux localités, et ils s'écarteraient d'autant plus du parallélisme que le fuseau serait plus large et qu'ils seraient plus éloignés de son équateur. On pourrait faire tourner le petit arc de grand cercle de l'une des contrées de manière à le rendre parallèle au prolongement de l'arc tracé dans l'autre contrée, c'est-à-dire perpendiculaire à un arc de grand cercle, perpendiculaire lui-même à l'arc prolongé. Or, la quantité dont le premier petit arc aurait tourné pour prendre cette position aurait pour mesure, comme il est aisé de le lire sur la figure même, *l'excès sphérique* de la somme des trois angles du triangle rectangle formé par l'arc de jonction des deux localités, par le petit arc prolongé et par la perpendiculaire abaissée de l'autre localité sur son prolongement.

L'*excès sphérique* de la somme des trois angles de certains triangles sphériques donne si souvent la mesure des erreurs qui se glissent presque inaperçues dans la comparaison des positions de différents arcs de grands cercles tracés sur une sphère, qu'il est naturel de chercher à se rendre compte, par la considération même de l'*excès sphérique*, de la grandeur que peuvent atteindre, dans tels ou tels cas, les erreurs dont il s'agit.

L'*excès sphérique* se trouve introduit dans les *calculs géologiques* par des motifs analogues à ceux qui le font prendre en considération dans les *calculs géodésiques*. On se sert de l'*excès sphérique* en géodésie pour ramener le calcul d'un triangle sphérique à celui d'un triangle plan; on s'en sert en géologie pour corriger l'erreur que l'on commet en supposant que la surface de la terre se confond avec un plan qui lui serait tangent dans le milieu de la contrée dont on s'occupe.

Rien n'est si fréquent que de raisonner et d'opérer comme si la surface de la terre se confondait avec son plan tangent. On y est conduit par l'apparence de platitude que cette surface présente à nos regards et par l'habitude de la voir représentée sur des cartes géographiques qui sont des feuilles de papier planes.

Pour nous bien rendre compte des erreurs qui peuvent résulter de cette substitution du plan tangent à la surface sphérique, analysons d'abord une opération très simple.

Lorsqu'on veut planter une longue et large *avenue*, telle par exemple que celle *des Champs-Élysées* à Paris, on commence par en fixer la ligne médiane avec des jalons alignés; puis, aux deux extrémités de cette ligne médiane, on lui élève de part et d'autre des perpendiculaires d'une longueur égale à la moitié de la largeur de l'avenue, et on fixe ainsi les deux extrémités des deux files d'arbres qui doivent la composer; enfin on aligne tous les arbres de chaque file d'après leurs points extrèmes.

Si l'opération est exécutée avec une rigueur mathématique, chacune des deux files d'arbres est un arc de grand cercle et ces deux arcs font partie d'un fuseau dont le milieu de la ligne médiane est le centre. Ils n'ont de rigoureusement parallèles que les deux éléments situés au milieu de leur longueur. Prolongés l'un et l'autre à chacune de leurs extrémités par une suite de jalons, ils iraient se rencontrer aux deux extrémités opposées d'un même diamètre de la sphère terrestre : prolongés par leurs tangentes extrèmes, ils se rencontreraient aussi à des distances qui, sans doute, seraient très grandes, mais qui ne seraient pas infinies.

On pourrait se proposer de mener par l'extrémité de l'un de ces arcs une ligne exactement parallèle à l'extrémité correspondante de l'autre arc, et de déterminer quel angle ferait cette ligne avec l'extrémité du premier arc. On aurait ainsi la mesure du plus grand défaut de parallélisme qui existe dans la figure.

Cette détermination peut se faire de deux manières; par les formules ordinaires de la trigonométrie sphérique, ou par cette considération que l'angle cherché est égal à l'*excès sphérique* de la somme des trois angles d'un triangle sphérique rectangle, où les côtés de l'angle droit sont un des côtés de l'avenue, et la perpendiculaire abaissée sur ce côté légèrement prolongé de l'extrémité du côté opposé.

Prenons un exemple, et le calcul même éclaircira cette double proposition.

Supposons que l'avenue dont il s'agit ait 1,000 mètres de longueur et 50 mètres de largeur. La diagonale de cette avenue formera avec l'un des côtés et avec la perpendiculaire abaissée sur celui-ci de l'extrémité de l'autre côté un triangle sphérique rectangle où les deux côtés b et c de l'angle droit seront : 1° b, l'un des côtés de l'avenue, dont la longueur est de 1,000 mètres, prolongé d'une quantité négligeable ; 2° c, la perpendiculaire abaissée de l'extrémité du second côté de l'avenue sur le premier légèrement prolongé, perpendiculaire dont la longueur ne différera pas sensiblement de 50 mètres.

Pour déterminer en degrés, minutes et secondes les valeurs de b et c, on aura $c = \dfrac{b}{20}$

$$b : 360 :: 1,000^{\mathrm{m}} : 40,000,000^{\mathrm{m}}.$$

$$b = \frac{360°,1000}{40,000,000} = \frac{36°}{4,000} = \frac{540'}{1,000} = 32'',4$$

$$c = \frac{32'',4}{20} = 1'',620.$$

Les deux angles aigus B et C de ce triangle doivent se déterminer par les formules ;

$$tang\ \mathrm{B} = \frac{tang\ b}{sin\ c} \qquad tang\ \mathrm{C} = \frac{tang\ c}{sin\ b} ;$$

mais, dans le cas actuel, les valeurs de B et de C qu'il s'agit de tirer de ces formules forment une somme si peu différente d'un angle droit, que la différence ne peut être calculée avec les tables de logarithmes ordinaires, ce qui montre que l'excès sphérique du triangle dont nous nous occupons est à peu près inappréciable.

En effet, en recourant au second mode de calcul, on trouve d'après la formule de Legendre (1), pour l'*excès sphérique* du triangle que nous considérons, $\varepsilon = \dfrac{\mathrm{R}\ b\ c\ sin\ \mathrm{A}}{2\ r^2} = 0'',00012733$, c'est-à-dire environ 13 cent millièmes de seconde sexagésimale, quantité absolument imperceptible ; ce qui montre que les deux côtés de l'avenue, dont nous avons parlé, doivent paraître bien réellement deux lignes droites parallèles.

Mais l'application des mêmes formules prouve qu'il n'en serait plus ainsi d'une avenue mille fois plus grande : or les rapprochements auxquels on se livre de prime abord lorsqu'on veut comparer entre eux, sous le rapport de leur parallélisme, les accidents topographiques d'une vaste contrée, ses chaînes de montagnes,

---

(1) Legendre, *Géométrie et trigonométrie*, 10° édition, p. 426.

ses côtes, ses rivières, reviennent à peu près à concevoir une avenue très longue et d'une largeur plus ou moins grande, tracée à travers cette contrée, et à examiner si les accidents topographiques que l'on compare pourraient en border les côtés.

Concevons une pareille avenue, de dimensions mille fois plus grandes que celle dont nous venons de nous occuper, c'est-à-dire ayant 1,000 kilomètres de longueur et 50 kilomètres de largeur.

En raisonnant sur cette avenue exactement comme sur la précédente, nous aurons à résoudre par les formules,

$$tang\ B = \frac{tang\ b}{sin\ c} \quad \text{et} \quad tang\ C = \frac{tang\ c}{sin\ b}$$

un triangle sphérique rectangle, dans lequel les deux côtés de l'angle droit seront :

$$b = 9° = 32400''$$
$$c = 27' = 1620''$$

on trouvera B = 87° 9′ 43″,28 C = 2° 52′ 27″,30, la somme de ces deux angles surpasse 90° de 2′ 10″,58, qui représentent l'*excès sphérique* du triangle rectangle dont il s'agit.

Calculé par la formule de Legendre, l'*excès sphérique* du même triangle est de 127″, 33 ou de 2′ 7″, 33. La différence de 3″ qui existe entre cette solution et la précédente tient à ce que la formule approximative qui donne l'excès sphérique n'est déjà plus parfaitement exacte pour un triangle de mille kilomètres de côté.

Maintenant, si de l'extrémité de l'un des côtés de notre grande avenue idéale on abaisse une perpendiculaire sur le second côté prolongé d'une petite quantité, puis, que par l'extrémité du premier côté on mène une perpendiculaire à cette perpendiculaire, celle-ci sera rigoureusement parallèle à l'extrémité du second côté, et elle fera avec le premier côté un angle égal à l'*excès sphérique* que nous venons de calculer, c'est-à-dire de 2′ 10″,58.

Telle est l'erreur la plus grande que comporte, par suite de la sphéricité de la terre, la construction idéale à laquelle nous avons fait allusion en imaginant la vaste avenue dont nous venons de parler; mais il est à remarquer que l'*excès sphérique* des trois angles d'un triangle étant proportionnel à sa surface, la même construction répétée pour une avenue de 100 kilomètres de largeur comporterait une erreur de 4′ 21″,16; pour 200 kilomètres de largeur, 8′ 42″,32; pour 1,000 kilomètres de largeur l'erreur serait de 43′ 31″,6. Elle n'atteindrait *un degré* qu'autant que l'avenue de

1,000 kilomètres de longueur aurait une largeur de 1,378 kilomètres, c'est-à-dire plus grande que sa longueur.

La diagonale du quadrilatère sphérique orthogonal, dont le côté est de 1,000 kilomètres, est elle-même d'environ $1,000^m. \sqrt{2} = 1,414$ kilomètres, qui font environ 350 lieues. Or, il est aisé de voir que l'erreur commise sur le parallélisme de deux lignes passant par deux points donnés de la surface terrestre sera la plus grande possible si ces lignes font avec la ligne de jonction des deux points des angles d'environ 45°; car l'erreur est nulle si les lignes comparées sont perpendiculaires à la ligne de jonction des deux points : elle redevient nulle si les deux lignes coïncident avec la ligne de jonction des deux points : l'erreur maximum correspond évidemment à la position moyenne entre ces deux extrêmes; ainsi qu'on peut d'ailleurs le démontrer par la formule même de Legendre.

De là on peut conclure que tant que deux points ne sont pas éloignés de plus de 1,400 kilomètres ou 350 lieues, l'erreur qu'on peut commettre sur le parallélisme de deux lignes qui y passent, en faisant abstraction de la courbure de la terre, ne va jamais à 44'.

Embrassons un espace un peu plus grand encore. Concevons que par un point de la surface de la terre on mène deux grands cercles perpendiculaires entre eux, qui pourront être, par exemple, une méridienne et sa perpendiculaire, mais qui pourront avoir aussi une tout autre orientation. A partir du point où les deux grands cercles se coupent à angle droit, mesurons sur chacun d'eux une distance égale à $7°$ 1/2 du méridien, et par les quatre points ainsi déterminés élevons sur les deux grands cercles des perpendiculaires. Par cette construction, qui est analogue à celle sur laquelle repose la *projection de Cassini*, nous formerons un quadrilatère sphérique orthogonal dont les quatre côtés seront égaux, et dont les quatre angles seront de même égaux entre eux, quadrilatère qui se rapprochera d'un carré autant que peut le faire une figure tracée sur une sphère. Ce quadrilatère serait même un carré exact s'il était infiniment petit, mais il aura un diamètre égal à 15° du méridien, et ses quatre angles égaux entre eux surpasseront chacun 90° d'une quantité qui, répétée quatre fois, formera ce qu'on pourra appeler l'*excès sphérique* de la figure entière.

Maintenant les quatre côtés du quadrilatère sont rigoureusement parallèles deux à deux dans leurs points milieu; mais à leurs extrémités ils ne sont plus parallèles, bien que les diagonales fassent avec eux des angles égaux; ils s'écartent du parallélisme d'une quantité égale à la moitié de l'*excès sphérique* de la figure totale, c'est-à-dire au double de l'excès de chacun des quatre angles sur 90°. Il est aisé de voir que cette quantité est égale à quatre fois l'*excès sphérique* d'un triangle sphérique rectangle dont l'un des côtés de l'angle droit est de 7° 1/2, et dont l'un des angles aigus est de 45°. Le second angle aigu C de ce triangle se calcule par la formule *cos* C = *cos c sin* B, qui donne *cos* C = *cos* 7° 30′ *sin* 45° et C = 45° 29′ 17″. Cet angle excède 45° de 29′ 17″, et, en quadruplant cette quantité, ce qui donne 1° 57′ 8″, on a celle dont les extrémités correspondantes des côtés de notre quadrilatère s'écartent du parallélisme.

Or, notre quadrilatère a une largeur égale à 15° du méridien, c'est-à-dire à environ 1,667 kilomètres, ou un peu plus de 400 lieues. Il pourrait embrasser la France avec la plus grande partie des Iles Britanniques, de l'Allemagne et de l'Italie septentrionale. Les deux points situés aux deux extrémités d'une de ses diagonales sont éloignés de plus de 2,350 kilomètres ou de près de 600 lieues, et cependant l'erreur la plus grande qu'on puisse commettre en comparant des lignes situées aux deux extrémités de cette diagonale de la manière la plus défavorable ne s'élève pas à 2°. Ce résultat est conforme au précédent, auquel nous étions parvenus par une voie un peu différente, car pour des distances bien éloignées encore d'être égales au quart du méridien, les excès sphériques de triangles semblables auxquels elles servent de base sont à peu près proportionnels à leurs carrés ; or on a $(1414)^2 : 43′ 31″,6 :: (2350)^2 : x = 2° 0′ 13″$, proportion dont le quatrième terme ne diffère de 1° 57′ 8″ que de 3′ 5″, et cette différence vient en partie de ce que je n'ai calculé que d'une manière approximative les diagonales dont j'ai comparé les carrés. La diagonale de 2,350 kilomètres est à peu près égale à la distance de Lisbonne à la pointe nord de l'Écosse, ou de Naples à Christiania. On peut conclure de là que lorsque l'on comparera entre elles des directions observées dans l'Europe occidentale moyenne, en négligeant l'effet de la courbure de la terre, mais en tenant compte de la convergence des méridiens vers le pôle, on ne commettra que rarement une erreur de 2°.

Il y aurait cependant un cas où les erreurs pourraient devenir plus considérables ; ce serait celui où on procéderait de manière à en accumuler plusieurs : ce qui arriverait par exemple si, au lieu de comparer directement un point à un autre, on le comparait par l'intermédiaire d'un troisième, ainsi qu'on peut le faire impunément lorsqu'on opère sur un plan. En effet, on ajoute alors à l'erreur qui résulterait de la distance des deux points comparés une quantité égale à l'excès sphérique des trois angles du triangle formé par les deux points comparés et par le point intermédiaire, quantité qui peut être additive aussi bien que soustractive.

Ceci s'éclaircira par quelques exemples. Il s'agit, par exemple, de savoir quelle devrait être l'orientation d'une ligne passant à Bayreuth pour qu'elle fût parallèle à une ligne passant au Binger-Loch, sur le Rhin, au-dessous de Bingen, et dont l'orientation est donnée.

Pour y parvenir d'une manière approximative, en faisant abstraction de la courbure de la terre, on joint le Binger-Loch à Bayreuth par un arc de grand cercle, et on détermine la différence des angles alternes internes formés par cet arc avec les méridiens du Binger-Loch et de Bayreuth. La différence est de 2° 52′ 25″, de manière que si une ligne se dirige au Binger-Loch, à l'E. 32° N., celle qui, à Bayreuth, fera le même angle avec l'arc de jonction, et qui sera réputée parallèle à la première, se dirigera à l'E. 29° 7′ 35″ N.

Mais si on commence par mener une parallèle à la ligne donnée au Binger-Loch, par la cime de Brocken, point le plus élevé du Hartz, puis que par Bayreuth on mène une parallèle à celle menée par le Brocken, on trouvera que du Binger-Loch au Brocken la différence des angles alternes internes formés par la ligne de jonction des deux points avec leurs méridiens respectifs est de 2° 9′ 2″. Du Brocken à Bayreuth, la différence est de 46′ 2″. D'après les positions de ces divers points, les différences doivent s'ajouter, ce qui donne 2° 55′ 4″ au lieu de 2° 52′ 25″ pour la différence d'orientation que devraient présenter deux directions parallèles entre elles, l'une au Binger-Loch, l'autre à Bayreuth. La différence est de 2′ 39″.

Il est aisé de voir que cette différence doit être exactement égale à l'excès sphérique du triangle Binger-Loch — Brocken — Bayreuth, et tout en me bornant à la calculer par des moyens expéditifs, je lui ai trouvé une valeur bien peu différente de celle-là. En effet, les longueurs des trois côtés de ce triangle (mesurées simplement sur la carte) sont de 289 kilomètres (72 lieues), de 272 kilomètres (68 lieues) et de 219 kilomètres (54 lieues), et l'angle compris entre les deux premiers est de 45° 45′. De là il résulte, d'après la formule de Legendre, que l'excès sphérique du triangle est de 2′ 23″ : cela fait 16″ seulement de moins que nous n'avions trouvé il y a un instant, et il est à remarquer qu'outre les légères inexactitudes qu'entraîne nécessairement l'emploi du tableau de la page 881 , je me suis borné à calculer l'*excès sphé-rique* d'après des mesures grossières. Une petite partie de cette différence peut aussi résulter de ce que le triangle Binger-Loch—Brocken — Bayreuth est beaucoup plus grand que les triangles de 8 à 10 lieues de côté, généralement employés dans les réseaux géodésiques et auxquels la formule est particulièrement adaptée.

Dans l'exemple donné par Legendre, les deux côtés du triangle employés dans le calcul ont seulement, l'un 38,829 mètres (9 lieues) et l'autre 33 260 mètres (8 lieues), et l'excès sphérique est seulement de 9″,48 décimales, qui correspondent à 3″,07 sexagésimales ; cette quantité est complétement négligeable dans une opération géologique : ainsi , quand on compare des points situés seulement à 8 ou 10 lieues les uns des autres, il n'y a absolument aucun motif pour tenir compte de la courbure de la terre , et par conséquent il est indifférent de comparer les points entre eux directement ou par l'intermédiaire les uns des autres. Quoique l'*excès sphérique* de la somme des trois angles d'un triangle soit proportionnel à sa surface , elle n'est encore que bien peu considérable et bien peu importante au point de vue géologique dans le triangle Binger-Loch — Brocken — Bayreuth , puisqu'elle se réduit à 2′ 23″ ; d'où il résulte que , même en opérant sur cette échelle, on peut encore comparer les points entre eux dans un ordre quelconque , sans craindre d'accumuler des erreurs appréciables en géologie. Mais il n'en serait plus de même s'il s'agissait de comparer des points éloi-gnés de 12 à 1,600 kilomètres (300 à 400 lieues).

Considérons, par exemple, le triangle dont les trois sommets seraient Keswick en Cumberland, Prague en Bohême et Ajaccio en Corse.

On trouve que de Keswick à Prague la différence des angles alternes internes que forme la ligne de jonction des deux points avec leurs méridiens respectifs, calculée rigoureusement, est de 13° 41′ 42″, tandis que de Keswick à Ajaccio cette différence est de 8° 44′ 22″, et d'Ajaccio à Prague de 4° 7′ 40″. Ces deux der-nières différences réunies ne donneraient que 12° 52′ 2″ ; la diffé-rence trouvée directement est de 13° 41′ 42″, c'est-à-dire plus grande de 49′ 40″.

Cette différence répond à l'excès sphérique du triangle Keswick-Ajaccio - Prague. En effet, le côté Keswick - Prague a environ 1,259 kilomètres (315 lieues) , et le côté Keswick Ajaccio a ap-proximativement 1,630 kilomètres (407 lieues) ; l'angle compris entre ces deux côtés est d'environ 38° 20′. Ces données approxima-tives introduites dans la formule de Legendre donnent pour l'excès sphérique du triangle 53′ 55″, c'est-à-dire 4′ 15″ de plus que nous n'avions trouvé directement, différence qui provient sans doute en partie de l'imperfection des mesures prises simplement sur la carte et nécessairement aussi de ce que la formule de l'excès sphérique n'est plus complétement exacte pour un aussi grand triangle.

On voit qu'en passant par Ajaccio, pour comparer Keswick à Prague, on joindrait une erreur de plus de trois quarts de degré à celle qui résulterait déjà de la distance de Keswick à Prague ; mais ce qu'il importe de remarquer, c'est que l'erreur est ici soustractive, tandis que, dans le cas du triangle Binger-Loch—Brocken—Bayreuth, l'erreur était additive. Il est facile de se rendre compte de cette circonstance d'après les positions respectives des points comparés entre eux, et cela permet de concevoir que, lorsqu'on a à opérer un certain nombre de comparaisons de ce genre et à en prendre le résultat moyen, il peut se faire que les erreurs résultant de la courbure de la terre soient en sens inverses les unes des autres et arrivent à se détruire en partie ou même complétement. C'est ce qui arrive de soi-même lorsque le point choisi pour *centre de réduction* est à peu près central par rapport au réseau formé par tous les points d'observation. Dans ce cas, au lieu d'avoir à craindre dans le résultat une erreur moyenne, par exemple d'un degré, résultant de l'effet négligé de la courbure de la terre, on peut compter que l'erreur de la moyenne se réduit à quelques minutes, et rentre par conséquent dans les limites que ne peut dépasser la précision des observations de direction.

Cette circonstance permet, comme nous le verrons bientôt, de prendre, par un procédé très simple et très expéditif, et cependant suffisamment exact, la moyenne d'un grand nombre d'observations de direction faites dans des contrées assez distantes les unes des autres, par exemple dans presque toute l'étendue de l'Europe occidentale.

Au surplus, comme je l'ai déjà dit, l'erreur commise relativement à chaque point, par l'effet de la courbure de la terre, a pour mesure l'*excès sphérique* d'un triangle rectangle qui a pour hypothénuse la distance de ce point au *centre de réduction*, et dont l'un des angles aigus est celui formé au point que l'on considère par la direction qu'on y a observée et par la ligne de jonction avec le *centre de réduction*. On peut calculer tous ces *excès sphériques* et voir de combien la somme de ceux qui sont additifs surpasse la somme de ceux qui sont soustractifs, puis tenir compte de la différence dans le calcul de la direction moyenne rapportée au *centre de réduction*. On verra aisément que pour arriver au

3

résultat avec toute l'approximation qu'on peut désirer, il suffit de calculer les *arcs sphériques* de ceux des triangles rectangles indiqués, dont l'aire est la plus grande, et qu'on distingue aisément sur la carte.

En réduisant ces calculs au degré d'approximation strictement nécessaire, on peut les simplifier considérablement et les exécuter d'une manière très expéditive.

La formule donnée par Legendre (1) pour calculer l'excès sphérique ε des trois angles d'un triangle dont deux côtés, b et c, forment entre eux un angle A, se réduit, lorsqu'on veut obtenir la valeur de ε en secondes sexagésimales à

$$\varepsilon = \frac{b\,c \sin A\; 1{,}296{,}000\;\pi}{4\,(20{,}000{,}000)^2} = \frac{b\,c \sin A\; 81\;\pi}{100{,}000{,}000{,}000}$$

Si le triangle sphérique auquel on doit appliquer cette formule est rectangle, que b soit son hypothénuse, c l'un des côtés de l'angle droit, et A l'angle aigu compris entre ce côté et l'hypothénuse, on aura

$$\cos A = \frac{tang\; c}{tang\; b}$$

et pourvu que b soit de beaucoup inférieur à 90", qu'il ne dépasse pas par exemple 15 à 20°, on pourra, sans erreur considérable, remplacer le rapport des tangentes par celui des arcs, et admettre que l'on a approximativement

$$\cos A = \frac{c}{b} \qquad c = b \cos A$$

en substituant cette valeur de c dans celle de ε, en ayant égard à la relation $\sin 2A = 2 \sin A \cos A$, et en supposant que b est exprimé, non plus en mètres, mais en kilomètres, on réduit l'expression de ε à la forme

$$\varepsilon = \frac{b^2 . \sin 2A . 81 . \pi}{200{,}000}.$$

Cette formule donnera approximativement l'*excès sphérique* relatif à l'un des points d'observation, en y substituant, à la place de b,

---

(1) Legendre, *Géométrie et trigonométrie*, 10e édition, p. 426

la distance de ce point au *centre de réduction*, exprimée en kilomètres; et pour A, l'angle formé, en ce point, par la direction qu'on y a observée et par la ligne menée au *centre de réduction*. On peut se contenter de mesurer cette distance et cet angle sur la carte. Le calcul est ensuite facile à exécuter; mais on peut encore, dans une foule de cas, se dispenser de le faire en en prenant à vue le résultat approximatif dans le tableau suivant, dont la construction et l'usage s'expliquent d'eux-mêmes, et qui rendra, pour ce nouvel objet, des services analogues à ceux que peut rendre le tableau de la page 881. Il a suffi d'y insérer les valeurs de A comprises entre 0 et 45°, attendu qu'à partir de A = 45°, qui donne 2 A = 90°, les valeurs de *sin* 2 A rentrent dans celles qui se rapportent à des valeurs de A moindres que 45°.

Tableau des valeurs données par la formule $\varepsilon = \dfrac{b^2 \cdot sin\, 2\,A \cdot 81 \cdot \pi}{200,000}$.

A =	5°	10°	15°	20°	25°	30°	35°	40°	45°
kilom. b = 100	2″	4″	6″	8″	10″	11″	12″	13″	15″
200	9	17	25	55	59	44	48	50	51
300	20	59	57	1′14	1′28	1′59	1′48	1′55	1′55
400	55	1′10	1′42	2 11	2 56	2 56	5 11	5 20	5 24
500	55	1 49	2 59	5 24	4 4	4 56	4 59	5 15	5 18
600	1′20	2 57	5 49	4 54	5 51	6 57	7 10	7 51	7 58
700	1 48	5 55	5 12	6 41	7 57	9 00	9 46	10 14	10 25
800	2 21	4 59	6 47	8 45	10 24	11 45	12 45	15 22	15 54
900	2 59	5 52	6 55	11 2	15 9	14 52	16 8	16 55	17 11
1000	5 41	7 15	10 56	15 58	16 17	18 22	19 56	20 55	21 12
1100	4 27	8 47	12 50	16 50	19 59	22 15	24 7	25 16	25 40
1200	5 18	10 27	15 16	19 58	25 25	26 27	28 42	50 4	50 52
1300	6 15	12 15	17 55	25 2	27 27	51 2	55 41	55 18	55 50
1400	7 15	14 15	20 47	26 45	51 50	55 59	59 5	40 55	41 54
1500	8 17	16 19	25 51	50 40	56 52	41 19	44 50	46 59	47 42
1600	9 26	18 54	27 9	54 54	41 55	47 1	51 1	55 28	54 17
1700	10 59	20 58	50 59	59 24	46 56	55 5	57 55	1° 0 21	1° 1 17
1800	11 56	25 50	54 21	44 10	52 57	59 50	1° 4 54	1 7 40	1 8 42
1900	15 18	26 11	58 17	49 12	58 58	1° 6 48	1 11 56	1 15 27	1 16 55
2000	14 44	29 1	42 25	54 51	1° 4 58	1 15 27	1 19 42	1 25 52	1 24 49

Il est aisé de constater le degré d'approximation des valeurs de ε que renferme ce tableau. A et C étant les deux angles aigus du triangle rectangle, l'*excès sphérique* de ses trois angles sera $\varepsilon = A + C - 90°$. A étant mesuré sur la carte de même que le côté b, on déterminera C par la formule *cot.* $C = cos\, b\; tang\; A$; ici b doit être exprimé, non plus en kilomètres, mais en degrés, minutes et secondes. Si k est sa mesure en kilomètres prises sur la carte, on aura $b : k :: 90° : 10,000$, $b = \dfrac{k}{10,000}\, 90°$. Cette première réduction opérée, on n'aura que deux logarithmes à chercher pour trouver celui de *cos.* C.

Supposons, par exemple, A $= 40°$, $k = 1,000$, nous aurons d'abord $b = \dfrac{1}{10}\, 90'' = 9°$, et nous trouverons,

$$cot.\ C = cos\ 9°\ tang\ 40° ;$$

$$C = 50° \ 20' \ 57''$$

d'où $\qquad \varepsilon = 40° + 50° \ 20' \ 50'' - 90° = 20' \ 57''.$

Supposons encore A $= 45°$, $k = 2000$, nous aurons $b = \dfrac{2}{10}\, 90°$ $= 18°$, et nous trouverons C $= 46° \ 26' \ 12''$,

d'où $\qquad \varepsilon = 45° + 46° \ 26' \ 12'' - 90° = 1° \ 26' \ 12''.$

Le tableau donne approximativement les valeurs correspondantes de ε, qui sont $\varepsilon = 20' \ 53''$ et $\varepsilon = 1° \ 24' \ 49''$; ces valeurs approximatives sont plus petites que les valeurs exactes : la première de $4''$, et la seconde de $1' \ 23''$. Mais les différences, surtout la première, sont très petites. On voit par là que les valeurs de ε, données par la formule approximative et celles données par un calcul rigoureux, ne diffèrent que de quantités qui, pour notre objet, sont à peu près insignifiantes. Ces valeurs ne diffèrent d'une manière un peu notable que vers la fin du tableau où la seconde des deux valeurs de ε, que nous venons de considérer, occupe la dernière place ; mais l'erreur est encore si peu considérable, même pour cette dernière, qu'il ne peut y avoir aucun inconvénient réel à employer les valeurs approximatives à la place des valeurs rigoureuses.

Les valeurs rigoureuses sont, au reste, si faciles à calculer, qu'on pourra aisément les déterminer dans tous les cas où on en aura besoin, soit dans l'étendue embrassée par le tableau, soit au-delà de ses limites. Peut-être, en voyant combien ces valeurs rigoureuses sont faciles à obtenir, s'étonnera-t-on que je me sois borné à consigner dans le tableau les valeurs approximatives; mais on aura le secret de cette préférence en remarquant que la forme de la formule approximative m'a permis de remplir les 180 cases du tableau sans effectuer complètement le calcul pour chacune d'elles, facilité que la formule rigoureuse ne me donnait pas. Avec cette dernière il m'aurait fallu répéter 180 fois le calcul logarithmique.

La progression que suivent les deux différences que je viens de citer montre que la formule approximative, qui donne l'*excès sphérique*, presque rigoureusement exacte pour les triangles dont le plus grand côté n'a pas plus de 1000 kilomètres, l'est déjà beaucoup moins pour ceux dont le plus grand côté en a 2000, et deviendrait rapidement de plus en plus inexacte si on l'appliquait à des triangles plus grands encore.

En faisant usage du tableau pour tous les cas auxquels il pourra s'appliquer, et en recourant, pour le petit nombre de ceux auxquels il ne s'appliquera pas, au calcul complet du triangle sphérique rectangle, on obtiendra aisément pour le *centre de réduction* une *direction moyenne dont on pourra toujours répondre à quelques minutes près*.

J'en donnerai ci-après des exemples, en m'occupant successivement des divers systèmes de montagnes auxquels cette note est consacrée.

Parmi les systèmes de montagnes dont je me suis occupé jusqu'à présent de fixer l'âge relatif et la direction, le plus ancien était le *système du Westmoreland et du Hundsrück*. Ainsi que je l'ai annoncé en 1833, dans l'extrait de mes recherches sur quelques unes des révolutions de la surface du globe, inséré dans le *Manuel géologique*, l'idée première de m'occuper de ce système m'a été suggérée par les recherches dont M. le professeur Sedgwick a communiqué les résultats, en 1831, à la Société géologique de Londres. « Ce
» savant géologue, qui s'était occupé (dès lors) depuis près de dix
» ans de l'exploration des montagnes du district des lacs du
» Westmoreland, a fait voir que la moyenne direction des diffé-
» rents systèmes de roches schisteuses y court du N.-E. un peu E.
» au S.-O. un peu O. Cette manière de se diriger fait que, l'un
» après l'autre, ils viennent se perdre sous la zone carbonifère qui
» couvre les tranches de leurs couches ; d'où il résulte qu'ils sont
» nécessairement en stratification discordante avec cette zone.
» L'auteur confirme cette induction en donnant des coupes détail-
» lées ; et de tout l'ensemble des faits observés il conclut que les
» couches des montagnes centrales du district des lacs ont été pla-
» cées dans leur situation actuelle avant ou pendant la période du
» dépôt du vieux grès rouge, par un mouvement qui n'a pas été
» lent et prolongé, mais *soudain* (1). »

---

(1) Voyez *Recherches sur quelques unes des révolutions de la surface du globe*, etc.... *Manuel géologique*, par M. de La Bèche, traduction française par M. Brochant de Villiers, p. 624 : et *Traité de*

A cette époque, les belles recherches de M. Murchison sur la région silurienne n'étaient pas encore ou étaient à peine commencées, le nom même de *terrain silurien* n'avait pas encore été prononcé, et, frappé de l'irrégularité des couches de transition moderne que j'avais visitées à Dudley et à Tortworth, couches qui n'avaient encore été rapprochées d'aucunes de celles du Westmoreland, je disais que des circonstances autres que celles mentionnées par M. le professeur Sedgwick me faisaient regarder moi-même comme bien probable que ce soulèvement « avait même eu lieu « avant le dépôt de la partie la plus récente des couches que les » Anglais nomment terrains de transition, c'est-à-dire avant le » dépôt des calcaires à Trilobites de Dudley et de Tortworth (1). »

« M. le professeur Sedgwick a aussi montré, continuais-je, » que, si on tire des lignes suivant les directions principales des » chaînes suivantes, savoir : la chaîne méridionale de l'Écosse, » depuis Saint-Abbs-Head jusqu'au Mull de Galloway, la chaîne » de grauwacke de l'île de Man, les crêtes schisteuses de l'île » d'Anglesea, les principales chaînes de grauwacke du pays de » Galles et la chaîne de Cornouailles, ces lignes seront presque » parallèles l'une à l'autre et à la direction mentionnée ci-dessus, » comme dominant dans le district des lacs du Westmoreland.

» L'élévation de toutes ces chaînes qui influent si fortement sur le » caractère physique du sol de la Grande-Bretagne, disais-je en- » core, a été rapportée par M. le professeur Sedgwick à une même » époque, et leur parallélisme n'a pas été regardé par lui comme » accidentel, mais comme offrant une confirmation de ce principe » général, déjà déduit de l'examen d'un certain nombre de mon- » tagnes, que les chaînes élevées à la même époque présentent un » parallélisme général dans la direction des couches qui les com- » posent, et par suite dans la direction des crêtes que ces couches » constituent (2). »

Passant ensuite de la Grande-Bretagne sur le continent de l'Eu- rope, je disais que « la surface de l'Europe continentale présente » plusieurs contrées montueuses, où la direction dominante des » couches les plus anciennes et les plus tourmentées court aussi, » comme M. de Humboldt l'a remarqué depuis longtemps, dans » une direction peu éloignée du N.-E. ou de l'E.-N.-E. (*Hora* 3-4,

---

géognosie de M. Daubuisson, continué par M. Amédée Burat, t. III, p. 297.

(1) *Ibid.*, p. 624 et 298.
(2) *Ibid.*, p. 625 et 299.

» *de la boussole des Mineurs*). Telle est, par exemple, la direction
» des couches de schiste et de grauwacke des montagnes de l'Eiffel,
» du Hundsrück et du pays de Nassau, au pied desquelles se sont
» probablement déposés les terrains carbonifères de la Belgique et
» de Sarrebrück (ces derniers reposent, à Nonnweiler, route de
» Birkenfeld à Trèves (1), sur la tranche des couches de schiste
» et de quartzite). Telle est aussi celle des couches schisteuses
» du Hartz; telle est encore celle des couches de schiste, de grau-
» wacke et de calcaire de transition des parties septentrionales et
» centrales des Vosges, sur la tranche desquelles s'étendent plu-
» sieurs petits bassins houillers; telle est même à peu près celle des
» couches de transition, calcaires et schisteuses, d'une date pro-
» bablement fort ancienne, qui constituent en grande partie le
» groupe de la montagne Noire, entre Castres et Carcassonne, et
» qui se retrouvent dans les Pyrénées, où, malgré des boulever-
» sements plus récents, elles présentent encore, et souvent d'une
» manière très marquée, l'empreinte de cette direction primi-
» tive.

» Enfin, cette direction *hora* 3—4 est aussi la direction domi-
» nante et pour ainsi dire fondamentale des feuillets plus ou moins
» prononcés des gneiss, micaschistes, schistes argileux et des
» roches quartzeuses et calcaires de beaucoup de montagnes appe-
» lées souvent primitives, telles que celles de la Corse, des Maures
» (entre Toulon et Antibes), du centre de la France, d'une partie
» de la Bretagne, de l'Erzgebirge, de Grampians....

» Le parallélisme de cette direction et de celle observée par
» M. le professeur Sedgwick, en Angleterre, joint à la circon-
» stance que cette loi d'une forte inclinaison dans une direction a
» peu près constante, à laquelle obéissent presque universellement
» les couches et les feuillets des terrains les plus anciens de l'Eu-
» rope, ne comprend pas les formations d'une origine postérieure,
» conduit naturellement à supposer que l'inclinaison de toutes les
» couches de sédiment qui sont comprises dans le domaine de
» cette loi est due à une même catastrophe *qui, jusqu'ici, est la*
» *plus ancienne de celles dont les traces ont pu être clairement re-*
» *connues. Il ne faut cependant pas désespérer, ajoutais-je, de voir*
» *des recherches ultérieures mettre les lignes de démarcation, que*
» *l'observation indique déjà entre les différentes assises des anciens*
» *terrains de transition, en rapport avec des soulèvements plus*

______

(1) *Explication de la Carte géologique de la France*, t. 1ᵉʳ, p. 698.

» *anciens et encore plus effacés que celui dont nous venons de*
» *parler* (1). »

Ce sont ces espérances, de vieille date, que je vais essayer de
réaliser ; mais auparavant je dois compléter, autant que l'état des
observations le permet aujourd'hui, l'étude du système dont je
viens de retracer les traits fondamentaux et d'abord rappeler pourquoi je l'ai nommé *système du Westmoreland et du Hundsrück.*
Les noms qui rappellent un type naturel bien déterminé, « tels
» que ceux de calcaire du Jura, d'argile de Londres, de calcaire
» grossier parisien, ont, en géologie, des avantages tellement mar-
» qués, qu'il était à désirer qu'on pût en employer du même genre
» pour les divers systèmes d'inégalités d'âges différents qui sil-
» lonnent la surface de la terre. Il n'était pas sans embarras de
» choisir, pour indiquer une réunion de rides qui traversent une
» grande partie de l'Europe, *qui probablement s'y sont produites*
» *au milieu d'accidents préexistants*, et qui, depuis, ont été sou-
» mises à un grand nombre de dislocations, un nom simple et
» facile à retenir, qui se rattachât à des accidents naturels du sol
» et qui ne fût pas exposé, à cause de sa brièveté même, à donner
» lieu à des équivoques et à des disputes de mots. Il m'a semblé
» qu'on pourrait adopter pour le système dont nous parlons le
» nom de *système du Westmoreland et du Hundsrück*, en convenant
» de prendre la partie pour le tout, et en rattachant tout l'en-
» semble à deux districts montagneux, où les accidents très an-
» ciens qui nous occupent sont encore au nombre des traits les
» plus proéminents. On pourrait tout aussi bien l'appeler système
» du Bigorre, du Canigou, du Pilas, de l'Erzgebirge, du Harz,
» puisque les couches schisteuses anciennes, dont ces montagnes
» sont en grande partie composées, paraissent avoir contracté elles-
» mêmes, à l'époque ancienne qui nous occupe, leurs inflexions
» primordiales. Mais comme ces mêmes montagnes paraissent de-
» voir une grande partie de leur relief actuel à des mouvements
» beaucoup plus récents, j'ai craint qu'en les faisant figurer dans
» la désignation d'un système d'accidents bien antérieur à la con-
» figuration définitive qu'elles nous présentent, on n'introduisît
» trop de chances de confusion (2). »

Depuis que ces pages ont été publiées, la réunion en un même

____

(1) *Manuel géologique*, p. 625 et 626 — *Traité de géognosie*,
t. III, p. 301.
(2) *Ibid.*, p. 626 et 301-302.

faisceau de tous les accidents orographiques et stratigraphiques, dont je viens de rappeler les noms, est devenu de plus en plus indispensable ; quelques autres même ont dû y être réunis, quelques accidents partiels et de peu d'étendue devront seuls être détachés des masses avec lesquelles ils étaient confondus.

J'ai cru pendant longtemps que les couches schisteuses les plus anciennes de l'Ardenne, du Hundsrück, du Hartz, etc., correspondaient, par leur âge, à celles du *Longmynd*, sur lesquelles les couches siluriennes inférieures reposent en stratification discordante. C'est dans cette pensée qu'en 1835 je proposai à M. Murchison, ainsi qu'il a bien voulu le rappeler dernièrement (1), de donner au groupe de roches schisteuses anciennes qui forme la base du *Longmynd* le nom de *système hercynien*, nom auquel M. le professeur Sedgwick a préféré celui de *système cambrien*. Mes illustres amis ont conservé eux-mêmes, pendant longtemps, quelque chose de cette ancienne opinion ; car sur la belle carte des terrains schisteux des bords du Rhin, qu'ils ont publiée en 1840, ils ont indiqué un noyau cambrien dans l'Ardenne, près de Bastogne et de Houffalize, et un autre sur les bords du Rhin, près d'Oberwesel et de St-Goar.

L'incertitude où nous étions sur l'existence réelle de ces noyaux cambriens, l'impossibilité de les limiter avec précision, et d'autres difficultés encore, nous ont déterminés, M. Dufrénoy et moi, à figurer une grande partie de ces contrées schisteuses, sur la carte géologique de la France publiée en 1841, comme composées de *terrains de transition indéterminés*, désignés simplement par la lettre *i*, et j'ajoutais dans l'explication de la même carte : « L'expression terrain ardoisier laisse dans une indétermination » dont il ne me paraît pas encore prudent de sortir aujourd'hui, et » l'époque du dépôt des schistes et des quartzites de l'Ardenne, et » l'époque de la conversion en ardoises d'une partie des premiers.... » Les schistes verdâtres qui, près de Bingen, sur le Rhin, alter- » nent avec des quartzites, m'ont paru présenter une ressem- » blance frappante avec ceux qui alternent de même avec des quart- » zites près de Nouzon, sur les bords de la Meuse. De part et d'autre » les quartzites sont semblables, et ils rappellent en tout point

---

(1) Murchison, Mémoire lu à la Société géologique de Londres le 6 janvier 1847. — *Quarterly journal of the geological Society*, t. III, p. 167.

» quelques uns de ceux de la Bretagne. Le calcaire qui se trouve à
» Stromberg, un peu à l'E. de Bingen, constitue une analogie de
» plus avec le terrain des bords de la Meuse et de la Semois (1). De
» petits bancs calcaires, remplis de crinoïdes et contenant aussi des
» spirifers et d'autres fossiles, sont intercalés dans les schistes ardoi-
» siers, depuis Money-Notre-Dame, près de Mézières, jusqu'à
» Bouillon » (2), suivant une ligne dirigée de l'O.-S.-O. à l'E.-N.-E.

Tous les pas que la science a faits depuis lors ont tendu à rajeunir
les terrains dont il s'agit, par conséquent à les éloigner du terrain
du Longmynd et à les rapprocher du terrain dévonien. Mais je
rappellerai d'abord les analogies qui, sans en fixer encore l'âge,
me portaient déjà, il y a six ans, à reconnaître un grand ensemble
de dépôts contemporains dans ces terrains de transition indéterminés de l'est de la France, qui tous sont affectés de la direction
hora 3-4.

Je disais dans l'explication de la carte géologique qu'à l'angle
septentrional des Vosges, « au N.-O. de Schirmeck, le terrain se
» compose de couches parallèles dirigées de l'O. 30°S. à l'E.30°N.
» et plongeant d'environ 60° au S. 30° E., de schistes argileux à
» surface luisante, de grauwacke et de calcaire gris. On trouve,
» dans les calcaires et dans les schistes, des Entroques, des Poly-
» piers et des coquilles univalves et bivalves, malheureusement
» peu distinctes (3). » Et j'ajoutais plus loin : « .... Ce terrain
» schisteux, avec grauwackes et calcaires subordonnés, me paraît
» avoir une grande analogie avec celui des parties de l'Ardenne
» voisines de Mézières et de Bouillon, et rien n'empêcherait qu'on
» ne supposât que ce sont deux affleurements d'un même système,
» qui, dans tout l'intervalle entre Mézières et Framont, demeure
» couvert par des dépôts plus modernes (4). »

Je disais encore que « dans la partie méridionale des Vosges et
» dans les parties adjacentes des collines de la Haute-Saône, on
» trouve, au-dessous des porphyres bruns, un système de roches
» schisteuses dont la direction court généralement entre le N.-E.
» et l'E.-N.-E. Ces roches schisteuses renferment des couches de
» grauwacke, des débris végétaux et quelques amas de calcaire
» fossilifère. C'est la même réunion d'éléments que dans le terrain

---

(1) *Explication de la Carte géologique de la France*, t. 1er, p. 265.
(2) *Ibid.*, t. Ier, p. 258 (1841).
(3) *Ibid.*, t. I, p. 322.
(4) *Ibid.*, chap. V, t. Ier, p. 323.

» stratifié des environs de Schirmeck, ou dans la partie de l'Ar-
» denne qui avoisine Mézières et Bouillon. Ces schistes rappellent
» également ceux qu'on observe dans les montagnes entre la Saône
» et la Loire, et dans la partie méridionale du Morvan, entre
» Autun et Decise, et qui contiennent de même des amas stratifiés
» de calcaire avec Encrines et quelques autres fossiles en petit
» nombre. Tous ces terrains schisteux font probablement partie
» d'un même système que les roches éruptives ont disloqué (1).

    » Dans l'espace compris entre les granites du Champ-du-Feu et
» les montagnes granitiques de Sainte-Marie aux Mines, la direc-
» tion moyenne des schistes se rapproche, à la vérité, davantage de
» la ligne E.-O. ; je concluais cependant que l'étoffe fondamentale
» sur laquelle la succession des phénomènes géologiques a, en quel-
» que sorte, brodé le relief actuel.... des Vosges, était un terrain
» pourvu, dans beaucoup de parties, d'une stratification assez ré-
» gulièrement dirigée de l'O. 30 à 40° S. à l'E. 30 à 40° N. (2),
(moyenne E. 35° N.)

    J'ajoutais que « le sol des Vosges et de la Forêt-Noire avait été
» compris dans un ridement très général qui avait affecté tous les
» terrains anciens d'une grande partie de l'Europe et leur avait
» imprimé cette direction habituelle vers l'E. 20 à 40° N., que j'ai
» signalée dans les gneiss, les schistes et autres roches anciennes,
» dont les bandes juxtaposées constituent le sol fondamental des
» Vosges (3). »

    Dans le chapitre suivant du même volume, j'ai signalé les ana-
logies qui me paraissent exister entre les roches fondamentales des
montagnes des Maures et de l'Estérel, qui bordent la Méditerranée entre Toulon et Antibes, et celles des Vosges. « Les
» roches cristallines stratifiées des montagnes des Maures for-
» ment, disais-je, un système analogue à celui que nous avons
» déjà signalé dans les Vosges (p. 309). Elles semblent avoir pour
» étoffe première un grand dépôt de schistes et de grauwackes à
» grains fins, contenant des assises calcaires et des dépôts char-
» bonneux.

    » La cristallinité paraît s'y être développée après coup, par
» voie de métamorphisme, mais d'une manière inégale, suivant

---

(1) *Explication de la Carte géologique de la France*, t. Ier,
p. 326.
(2) *Ibid.*, t. Ier, p. 301.
(3) *Ibid.*, t. Ier, p. 417.

» les localités. C'est aux environs de Toulon et d'Hyères que la
» cristallinité a fait le moins de progrès et que les schistes sont le
» moins éloignés de leur état primitif (1). »

« ..... Dans la presqu'île de Giens , les couches schisteuses sont
» verticales et dirigées de l'E.-N.-E. à l'O.-S.-O. (2)

» Ce que les schistes de la presqu'île de Giens ont peut-être de
» plus remarquable , c'est la présence des couches calcaires qui y
» sont intercalées. Elles se trouvent près de la pointe occidentale,
» où les roches du système schisteux qui nous occupe ont quelque
» chose de moins cristallin , de plus arénacé , et une teinte plus
» grisâtre que dans les autres parties , et se réduisent même , en
» quelques endroits , à des quartzites schistoïdes blanchâtres ou
» gris (3).

» ..... Les assises calcaires et les quartzites intercalés dans les
» schistes de la presqu'île de Giens rappellent naturellement les
» schistes qui contiennent simultanément des couches subordon-
» nées de ces deux natures, dans les Ardennes et dans les Vosges.
» (Voyez ci-dessus, chap. IV, p. 254, et chap. V, p. 321 (4).)

» ..... Les schistes d'Hyères ont de grands rapports avec ceux
» des Grampians, comme le montrent les descriptions de Saussure
» comparées à celles de Playfair (5) ; quelques unes de leurs va-
» riétés ressemblent également au killas du Cornouailles (6).

» Le principal groupe des directions observées dans les monta-
» gnes des Maures se dirige moyennement au N. 44° E., direction
» peu éloignée de celle que nous avons déjà signalée dans les
» Vosges (chap. V, p. 311 , 318 , 324 et 417), et résultant *du*
» *ridement général qui , à une époque géologique très ancienne , a*
» *affecté les dépôts stratifiés d'une grande partie de l'Europe* (7). »

Cette direction moyenne est en effet comprise dans le champ
trop large peut-être de la désignation *hora* 3-4 , cependant elle
s'éloigne plus de la ligne E.-O. que dans les autres localités que
je viens de citer ; mais nous verrons bientôt qu'on peut essayer de
subdiviser le groupe de directions qu'elle représente.

---

(1) *Explication de la Carte géologique de la France*, t. Ier,
p. 447.
(2) *Ibid.*, p. 448.
(3) *Ibid.*, p. 449.
(4) *Ibid.*, p. 450.
(5) *Ibid.*, p. 453.
(6) *Ibid.*, p. 454.
(7) *Ibid.*, p. 467.

La direction de la plupart des anciens terrains stratifiés de l'Europe se reproduit plus exactement encore dans les îles de Corse et de Sardaigne. Les montagnes granitiques qui composent la partie occidentale de la Corse forment une suite régulière de rides parallèles, dirigées à peu près de l'O.-S.-O. à l'E.-N.-E. , et embrassant dans leurs interstices les échancrures symétriques des golfes de Porto, de Sagone, d'Ajaccio , de Valinco et de Ventilegne (1). D'après M. de la Marmora, les crêtes qui forment, en Sardaigne, les terrains de transition affectent une direction semblable.

Cette même direction reparaît avec de légères variations dans les terrains de transition de la montagne Noire, entre Castres et Carcassonne , et dans ceux d'une partie des Pyrénées.

Le massif de la montagne Noire, entre Castres et Carcassonne , depuis Sorrèze et le bassin de Saint-Féréol jusque vers Saint-Gervais et le pont de Camarès, est formé de masses ellipsoïdales de granites séparées par des bandes de roches schisteuses et calcaires, dont l'une présente les belles carrières de marbre de Caunes , entre Carcassonne et Saint-Pons.

Ces diverses roches ont une tendance prononcée à former des bandes dirigées vers l'E. 30 à 40° N. ; celles qui sont stratifiées se dirigent vers l'E. 25, 30, 35, 40 et 45° N. La moyenne de toutes ces directions, que j'ai relevées en grand nombre en 1832, m'a paru être E. 34° N. La même direction s'observe aussi dans beaucoup de points des Cévennes, entre Meyrueis et Anduze. J'avais cru reconnaître encore la même direction fondamentale dans les roches schisteuses et calcaires souvent pénétrées par des granites qui forment la base des Pyrénées. M. Durocher, qui depuis lors a fait de nombreuses observations sur les terrains anciens des Pyrénées, a publié une nombreuse série d'observations de direction (2) dont la moyenne s'écarterait un peu moins de la ligne E.-O. ; mais peut-être ces directions devraient-elles être divisées en deux groupes.

Les fossiles renfermés en différents points dans les roches de transition que je viens de passer en revue n'ont pu servir, pendant longtemps, qu'à montrer qu'elles devaient être fort anciennes, sans qu'il fût possible de s'en servir pour les rapporter à un étage déterminé. Dans cette incertitude, nous ne pouvions pas , M. Du-

---

(1) J. Reynaud, *Mémoire sur la constitution géologique de la Corse. Mémoires de la Société géologique de France*, t. I, p. 3.

(2) Durocher, *Essai sur la classification du terrain de transition des Pyrénées* (*Ann. des mines*, 4e série, t. VI. p. 24 et suivantes. 1844).

frénoy et moi, les figurer sur la carte géologique de la France autrement que comme *terrains de transition indéterminés*, et elles y sont en effet coloriées en brun clair et marquées de la lettre *i*, qui est consacrée à ces terrains.

Nous sommes redevables à **M. de Buch** de la cessation de cet état d'incertitude.

M. de Buch, qui nous honore aujourd'hui de sa présence, a fait, dans ces dernières années, plusieurs voyages en France. L'année dernière, il a parcouru une grande partie des Pyrénées. A diverses époques, il a bien voulu examiner les collections de fossiles des localités sus-mentionnées que nous avons réunies à l'École des mines. Il a vu aussi ceux qui se trouvent dans les musées de Strasbourg et de Lyon. Tout récemment encore, il a examiné sous ce point de vue les collections recueillies dans les Pyrénées et dans les carrières de Caunes, par M. Dufrénoy et par moi, et il a reconnu, à l'ensemble des fossiles dont il s'agit, un caractère dévonien.

Il rapporte spécialement au système dévonien les fossiles des terrains de transition des Pyrénées orientales, de la vallée de Campan, des carrières de Caunes (montagne Noire) et de celles de Schirmeck dans les Vosges (1).

Toutes ces localités fossilifères, de même que celles du Hartz et des environs de Bayreuth, sont donc *dévoniennes*, mais elles me paraissent l'être de la même manière que les localités du Hundsrück, du pays de Nassau, de l'Eifel et de la Westphalie, que MM. Sedgwick et Murchison avaient coloriées comme *siluriennes* dans leur belle carte publiée en 1840. Dans leur mémorable travail sur les fossiles

---

(1) Depuis le moment où j'ai fait cette communication à la Société géologique, M. de Buch, en retournant à Berlin, a visité les environs de Schirmeck et de Framont avec MM. de Billy et Daubrée ; et dans une lettre subséquente, dont je suis heureux de pouvoir consigner ici un extrait, il a confirmé son opinion de l'âge dévonien des calcaires de transition des environs de Schirmeck et de Framont.

Berlin, le 19 juillet 1847.

..... « Le calcaire de Russ, de Schirmeck et de Framont est un » banc de corail, *Calamopora polymorpha*, *Spongites*, *Cyathophil-* » *lum*, ni silurien, ni carbonifère, donc *dévonien* ; c'est Gerolstein et » plus encore le Mühlthal du Hartz. Vainement on cherche des Spiri- » fers, des Térébratules, mais on trouve entre Schirmeck et Framont » l'*Ortoceratites regularis* assez grand : il est encore *dévonien* à » Elbersreuth près de Bayreuth. »

des terrains anciens des provinces Rhénanes, imprimé dans les *Transactions géologiques*, à la suite du mémoire de MM. Sedgwick et Murchison (1), MM. le vicomte d'Archiac et de Verneuil ont placé dans le terrain *silurien* les localités fossilifères d'Abentheur (Hundsrück), de Wissembach, Ems, Kemmenau, Niederosbach, Braubach, Haüsling, etc. (duché de Nassau), de Prüm et de Daun (Eifel), de Solingen, Liegen, Unkel, Lauderskron, Lindlar, etc. (Westphalie), et ils les ont par conséquent distinguées des localités dévoniennes des mêmes contrées. Aujourd'hui il serait question de considérer toutes ces localités comme *dévoniennes*, et je suis très porté à croire que c'est particulièrement de ces localités, regardées primitivement comme distinctes du terrain *dévonien* proprement dit, que doivent être rapprochées les localités fossilifères de la France dont je viens de parler.

Les terrains schisteux du Fichtelgebirge et du Frankenwald, dans lesquels sont encastrés sous forme lenticulaire les calcaires fossilifères d'Elbersreuth, près de Bayreuth, et des environs de Hof, appartiennent essentiellement au système de couches anciennes caractérisées par la direction *hora* 3-4. C'est là que M. de Humboldt, en 1792, a été frappé pour la première fois de la constance de cette direction.

Il en est de même des terrains schisteux de l'Erzgebirge qui sont le prolongement de ceux de Fichtelgebirge et du Frankenwald, et de la plus grande partie de ceux du Hartz.

Enfin, cette direction se dessine encore de la manière la plus nette dans les couches fossilifères des environs de Prague. Le beau travail que M. Joachim Barrande a commencé à publier sur ces derniers dépôts ne permet pas de douter qu'ils n'appartiennent au *terrain silurien ;* mais ils paraissent cependant ne pas être dénués de quelques rapports avec le terrain fossilifère d'Elbersreuth, car on lit les lignes suivantes dans la savante notice de M. Barrande : « Il » ne sera pas hors de propos de faire observer en passant qu'un assez » grand nombre de nos bivalves du genre Cardium, etc., parais- » sent se rapprocher de celles que le comte Munster a décrites » comme appartenant au calcaire d'Elbersreuth (2). »

Les lumières nouvelles que ces divers rapprochements jettent si

---

(1) *Transactions of the geological Society of London : new series*, t. VI.

(2) Joachim Barrande, *Notice préliminaire sur le système silurien et les Trilobites de Bohême* (1846), p. 15.

heureusement sur les terrains de transition que nous nous sommes bornés à colorier, M. Dufrénoy et moi, sur la carte géologique de la France comme terrains de transition indéterminés, ne permettraient pas encore de les colorier d'une manière bien certaine. Il reste toujours évident que le terrain ardoisier de l'Ardenne et du Hundsrück constitue un système différent du terrain anthraxifère de M. d'Omalius d'Halloy. Les trois assises inférieures de ce terrain que M. d'Omalius a désignées sous les noms de poudingue de Burnot, de calcaire de Givet et de Psammites du Condros, me paraissent toujours former un système distinct du terrain ardoisier, sur lequel le poudingue de Burnot repose près de Givet et de Fumay, et à Pepinster, près de Spa, en stratification discordante. A mes yeux, ces trois assises constituent le *terrain dévonien proprement dit*, et les couches nommées aussi *dévoniennes* qui font partie du terrain ardoisier appartiennent stratigraphiquement à un système plus ancien. Le terrain de transition longtemps indéterminé, qui comprend le terrain ardoisier de l'Ardenne et du Hundsrück, et ceux que j'ai cherché à y rattacher dans les Vosges, dans les montagnes des Maures et de l'Estérel, etc., se compose de ces couches *dévoniennes anciennes*, de couches *siluriennes* et peut-être de couches plus anciennes encore. Ce terrain est la matière constituante essentielle du Hundsrück et de toutes les rides dirigées *hora* 3-4, que j'ai désignées sous le nom de *système du Westmoreland et du Hundsrück*. Il devient évident, d'après cela, que ce système de rides est postérieur au *terrain silurien* et même à une partie des couches qu'on désigne aujourd'hui comme *dévoniennes*; mais il demeure également évident qu'il est antérieur, d'une part, au *terrain dévonien* de la partie S.-E. des Vosges (1), et de l'autre, au poudingue de Burnot qui repose en stratification discordante sur les couches redressées du terrain ardoisier.

Le système du poudingue de Burnot, du calcaire de Givet et des psammites de Condros, a été regardé pendant quelque temps comme représentant le *terrain silurien*. A la même époque, le terrain ardoisier a été considéré comme représentant le *terrain cambrien*. Cela expliquera naturellement comment j'ai été conduit à regarder le système de rides du Hundsrück comme se rapportant à une époque intermédiaire entre le terrain *cambrien* et le terrain *silurien*. L'indécision où on a été ensuite sur l'âge d'une partie des

____

(1) Voyez *Explication de la Carte géologique de la France*, t. Ier, p. 365

couches dont les rapports stratigraphiques déterminent l'âge relatif de ce système de rides, a dû me faire prévoir depuis longtemps un changement dans l'énoncé de cette détermination et me rendre en même temps très circonspect à proposer un nouvel énoncé ; mais en envahissant ainsi le terrain ardoisier et en général tout notre terrain de transition indéterminé, qui est la matière constituante essentielle des rides du système du Hundsrück, les dénominations de couches *siluriennes* et de couches *dévoniennes* ont conquis le droit de préséance, par rang d'âge, sur le système du Hundsrück. Je ne puis qu'applaudir à une pareille conquête et m'empresser de la proclamer au moment où les derniers nuages qui me la faisaient considérer comme douteuse viennent de disparaître de mon esprit. Si tous les doutes n'ont pas encore disparu, relativement à la classification de ces couches, il est cependant devenu évident que le système du Hundsrück est postérieur aux couches *siluriennes* et aux couches *dévoniennes anciennes :* mais rien n'est changé quant aux motifs qui le faisaient considérer comme antérieur au poudingue de Burnot, au calcaire de Givet et aux psammites de Condros, qui me paraissent représenter le *terrain dévonien proprement dit*, en ce sens qu'elles sont l'équivalent chronologique exact du *vieux grès rouge* des géologues anglais.

Un coup d'œil sur la structure stratigraphique de la Grande-Bretagne va confirmer ce premier aperçu.

Dès l'origine, je dois m'empresser de le reconnaître, M. le professeur Sedgwick a indiqué l'âge relatif du système de rides auquel il a rapporté les montagnes du Westmoreland, les Lead Hills, les Grampians, en des termes auxquels l'énoncé que je propose aujourd'hui ne fait que donner peut-être une plus grande précision. Dans le mémoire qu'il a communiqué à la Société géologique, en 1831, M. le professeur Sedgwick disait que les chaînes dont il s'agit avaient été soulevées avant le complet développement du vieux grès rouge (1). Il est vrai que ce premier énoncé ne s'opposait pas à ce qu'on supposât le soulèvement de ces mêmes chaînes plus ancien que le vieux grès rouge, mais les dernières publications du savant professeur de Cambridge ont levé à cet égard toutes les incertitudes.

Dans un de ses derniers mémoires, lu à la Société géologique

---

(1) ..... All elevated nearly of the some period, before the complete developpement of the old red sandstone. (*Proceedings of the geological Society of London*, vol. Iᵉ, p. 244 et 285.)

de Londres, le 12 mars 1845, M. le professeur Sedgwick dit que dans la vallée de la Lune, les roches de Ludlow supérieures sont recouvertes par une masse épaisse de *tilestone*, dont les couches les plus élevées sont remplies de fossiles appartenant tous aux espèces du terrain silurien supérieur. Il pense qu'il n'existe pas de véritable passage entre ce tilestone et le vieux grès rouge qui le recouvre, et cette opinion est basée sur les trois faits suivants : 1° C'est une règle générale que les conglomérats du vieux grès sont en discordance complète avec les schistes supérieurs du Westmoreland : on peut en citer un grand nombre d'exemples incontestables. 2° Les couches du conglomérat du vieux grès rouge, sur les bords de la Lune, ne sont pas exactement parallèles aux couches du *tilestone*. 3° Ces conglomérats contiennent de nombreux fragments de *tilestone* qui doivent avoir été solidifiés avant la formation des conglomérats (1).

M. le professeur Sedgwick a encore confirmé ces conclusions dans un nouveau mémoire lu à la Société géologique de Londres, le 7 janvier 1846, en disant qu'il existe une ressemblance générale entre les espèces que renferme le terrain silurien supérieur dans la région silurienne et dans le Westmoreland. Considéré comme un grand groupe, le terrain silurien supérieur peut, d'après le savant professeur, être regardé comme presque identique dans les deux contrées, et il se termine, dans l'une et dans l'autre, par des couches appartenant à un même type minéralogique, c'est-à-dire formées de dalles rouges ou *tilestones* (2).

Enfin, dans son dernier mémoire lu à la Société géologique, le 16 décembre 1846, M. le professeur Sedgwick regarde le *coniston limestone* du Westmoreland comme l'équivalent du *caradoc sandstone*, et les couches les plus élevées de la même série (entre Kendal et Kirby-Lonsdale) comme représentant les *ludlow-rocks* supérieurs et le *tilestone* de la région silurienne (3).

Il est donc avéré que le redressement des couches du Westmoreland est postérieur au dépôt du *tilestone*, mais antérieur à celui du vieux grès rouge proprement dit.

Les couches schisteuses rouges qui sont désignées sous le nom de *tilestone*, ont été considérées jusqu'à ces derniers temps, surtout d'après leur couleur, comme formant l'assise inférieure

---

(1) A. Sedgwick, *Quarterly Journal of the geological Society*, vol. 1er, p. 449.

(2) A. Sedgwick, *Ibid.*, vol. II, p. 449.

(3) A. Sedgwick, *Ibid.*, vol. III, p. 159.

du vieux grès rouge ; mais dans ses publications les plus récentes, M. Murchison a, de son côté, séparé le *tilestone* du vieux grès rouge, pour le comprendre dans le terrain silurien. Dire que le redressement des couches du Westmoreland est postérieur au *tilestone* et antérieur au reste du vieux grès rouge, revient donc exactement à dire qu'il est postérieur au *terrain silurien* et antérieur au vieux grès rouge, *dans l'acception* ACTUELLE *de ces deux expressions*, et qu'il établit la ligne de démarcation entre ces deux grandes formations.

Cet énoncé cadre, d'une manière remarquable, avec celui auquel j'ai été conduit ci-dessus relativement au Hundsrück, lorsque j'ai dit que le redressement de ses couches est postérieur au dépôt du terrain silurien et des couches dévoniennes anciennes, mais antérieur au dépôt du *terrain dévonien proprement dit*. On doit, en effet, se rappeler que le terrain dévonien, tel que MM. Murchison et Sedgwick l'ont défini originairement d'après l'étude du Devonshire, est la réunion des couches qui, sans avoir la couleur ni la composition du vieux grès rouge, en sont néanmoins les équivalents chronologiques. Or, à l'époque où cette définition a été donnée, le *tilestone* était encore compris dans le vieux grès rouge. Le terrain dévonien, tel qu'on l'a poursuivi sur une partie du continent de l'Europe, d'après ses caractères paléontologiques, comprend donc des couches qui représentent chronologiquement le *tilestone*. Je suis porté à présumer que les *couches dévoniennes anciennes*, qui font partie du terrain ardoisier de l'Ardenne et du Hundsrück, sont les équivalents chronologiques du *tilestone*, et que le poudingue de Burnot, le calcaire de Givet et le psammite du Condros, que je désigne sous le nom de *terrain dévonien proprement dit*, représentent collectivement le vieux grès rouge dans *le sens restreint* ACTUEL *de cette* expression, le *vieux grès rouge proprement dit*.

Cette question pourra peut-être se décider par une étude nouvelle du Cornouailles et du Devonshire, faite dans ce but spécial. Des couches fossilifères, bien caractérisées comme siluriennes, ont été signalées dernièrement sur la côte S.-E. du Cornouailles, aux environs de Falmouth et de Saint-Austle, par M. Peach. Dans une lettre adressé le 12 avril dernier à sir Charles Lemon, sir Roderick Murchison dit qu'à la première vue des fossiles recueillis par M. Peach, il reconnut qu'il existe au Cornouailles de véritables couches siluriennes, et même des couches siluriennes inférieures, fait dont il trouve la preuve dans la présence de certains *Orthis* à côtes simples, qui sont le caractère invariable de cette époque. Il annonce en outre que l'une des coquilles , le *Belle-rophon trilobatus* , que M. Peach a trouvées avec certains débris de poissons dans la zone des roches de Polperro , est une des coquilles caractéristiques des *tilestones* du Herefordshire et de Shropshire, et a aussi été trouvé dans les couches du même âge du Cumberland (sur les confins du Westmoreland, entre Kirby-Lonsdale et Kendal), couches qui forment, dit-il, l'assise supérieure du terrain silurien ou une transition entre le terrain silurien et le terrain dévonien. M. Murchison ajoute encore que le district du Cornouailles dans lequel existent des couches siluriennes incontestables, est celui dans lequel M. le professeur Sedgwick et sir Henry de La Bèche avaient indiqué l'existence d'une ligne de soulèvement dirigée du N.-E. au S.-O. , qui, en amenant au jour certains schistes quartzeux et argileux , avait relevé les couches de part et d'autre au S.-E. et au N.-O. suivant une ligne qui traverse la baie de Falmouth. Avant d'avoir subi ce nouvel examen , toutes ces couches fossilifères du Cornouailles avaient été coloriées comme dévoniennes.

Ainsi que M. le professeur Sedgwick l'a annoncé dans le mémoire de 1831 que j'ai déjà rappelé , les chaînes des Lead-Hills et des Grampians , en Écosse , qui, lorsqu'on les considère avec leurs prolongations dans le nord de l'Irlande , forment deux des lignes fondamentales des îles Britanniques , paraissent avoir reçu les traits principaux de leurs formes en même temps que les montagnes du Westmoreland et que la chaîne fondamentale du Cornouailles. Le vaste massif des montagnes de l'Écosse, comme celui des contrées Rhénanes , a sans doute éprouvé , même dans les Grampians, plusieurs soulèvements successifs à des époques fort éloignées les unes des autres. On y en distinguera probablement de plus anciens que celui qui nous occupe. Il s'y en est aussi produit de plus modernes. J'ai moi-même exprimé depuis longtemps l'opinion que les montagnes de l'Écosse et de l'Irlande, depuis les îles Orcades et Shetland jusqu'aux granites de Wicklow et de Carlow , présentent des dislocations parallèles aux failles du système du Rhin , et qui en sont probablement contemporaines (1). J'ai aussi indiqué , dans ces montagnes , des accidents stratigraphiques postérieurs au dépôt du terrain jurassique et antérieurs à celui des terrains crétacés (2). Peut-être y en a-t-il d'autres encore

(1) *Explication de la Carte géologique de la France*, t. Ier, p. 434
(2) *Annales des sciences naturelles* , t. XIX.

de dates postérieures ou intermédiaires ; mais il paraît évident que la convulsion qui a façonné le relief principal des Grampians et des Lead-Hills , est précisément celle qui a redressé les couches sur les tranches desquelles reposent les conglomérats grossiers que M. le professeur Sedgwick et M. Murchison ont si bien décrits comme formant dans ces contrées la base du vieux grès rouge (1). Ces poudingues, à très gros fragments , que les anciens géologues écossais signalaient, avec tant de raison , comme les témoins d'une grande révolution du globe , et qui marquaient à leurs yeux la limite entre les terrains primaires et les terrains secondaires , ne rappellent en rien le *tilestone*. Tout annonce qu'ils représentent la base du vieux grès rouge proprement dit.

La présence du terrain silurien n'a pas encore été signalée en Écosse d'une manière complétement démonstrative , mais je crois qu'on peut regarder comme extrèmement probable que les couches de schiste et de grauwacke des Lead-Hills , dont sir James Hall a si bien décrit les contournements , que les calcaires , les schistes argileux et les roches arénacées des Grampians et des îles de Jura et d'Isla , que Playfair , le docteur Mac-Culloch , M. le professeur Jameson et d'autres géologues écossais ont étudiés avec tant de soin, appartiennent, au moins en grande partie, à ce terrain. Il paraît donc difficile de douter que la grande discordance de stratification de l'Écosse ne corresponde exactement à celle du Westmoreland. Il me paraît également probable que le poudingue inférieur du vieux grès rouge de l'Écosse correspond aux poudingues de Burnot et de Pepinster , et, par conséquent, que la grande discordance de stratification de l'Écosse correspond à celle qui existe en Belgique entre le terrain ardoisier et le terrain dévonien proprement dit. Enfin , je crois reconnaître ce même poudingue dans celui de Poullaouen en Bretagne, et en général dans tous ceux que M. Dufrénoy a signalés comme formant dans cette presqu'île la base du terrain dévonien tel que nous l'avons limité sur la carte géologique de la France. Cet horizon géognostique me paraît le plus largement et le plus fortement marqué de tous ceux qu'on peut indiquer aujourd'hui dans la série des anciens terrains de transition. En l'adoptant comme base de classification on en reviendrait finalement à la principale division que M. d'Omalius

____

(1) A. Sedgwick and R.-I. Murchison : On the structure and relations of the deposits contained between the primary rocks and the oolitic series in the north of Scotland. — *Transactions of the geological Society of London*, new series, t. III. p 125.

d'Halloy a indiquée depuis longtemps dans la série des terrains de transition, par le partage en terrain ardoisier et terrain anthraxifère, dont il a posé les fondements dès 1808, dans son *Essai sur la géologie du nord de la France*, publié dans le *Journal des mines*, t. XXIV, p. 123. L'importance de cette ligne de démarcation, si heureusement indiquée il y a bientôt quarante ans par l'un des observateurs les plus pénétrants qui aient exploré l'Europe, me paraît d'autant plus grande, que les beaux travaux de MM. Murchison et de Verneuil sur la Suède et la Russie, et le dernier mémoire de M. de Buch sur l'île Baeren (1), montrent qu'elle constitue réellement l'un des traits les plus étendus de la structure de l'Europe septentrionale.

Quelques mots vont suffire pour faire comprendre ma pensée à cet égard.

MM. Murchison et de Verneuil, dans leur dernier voyage en Suède, ont constaté que l'île de Gothland présente les différents étages du terrain silurien superposés l'un à l'autre, plongeant légèrement au S.-S.-E., et formant des crêtes qui se dirigent à l'E.-N.-E.

Le magnifique ouvrage de MM. Murchison, de Verneuil et de Keyserling, sur la Russie, nous montre la côte méridionale du golfe de Finlande, formée aussi par les différentes assises du terrain silurien, présentant encore une inclinaison légère, mais dirigée vers un point de l'horizon plus rapproché du S. que le S.-S.-E., et avec cette circonstance que les couches siluriennes supérieures ne se montrent que dans la partie occidentale de cette côte. Au midi, et à peu de distance de cette même côte, le vieux grès rouge, qui couvre en Russie de si grands espaces, se superpose au terrain silurien; mais à l'O., en face de l'île de Dago, il est en contact avec les couches siluriennes supérieures, tandis qu'à l'E., près de Saint-Pétersbourg et du lac Ladoga, il s'appuie directement sur les couches siluriennes inférieures : par conséquent il est superposé au terrain silurien en stratification discordante.

De plus, il n'est assujetti en rien aux allures du terrain silurien. Il le déborde, à partir du lac de Ladoga, pour s'étendre vers Archangel, où il se perd sous les eaux de la mer Blanche. Enfin, les remarques ingénieuses que M. de Buch a consignées dans son beau mémoire sur l'île Baeren, nous conduisent à concevoir que,

____

(1) Die Baeren-Insel nach B. M. Keilhau. Von Leopold von Buch. — Berlin, 1847.

s'étendant sous les eaux de la mer Glaciale, le vieux grès rouge entoure au N. le vaste système des montagnes de la Scandinavie pour aller se relever dans les îles Shetland et au pied des montagnes de l'Ecosse.

Souvent disloqué dans ces contrées septentrionales, le vieux grès rouge y laisse cependant apercevoir un vaste réseau de dislocations plus fortes encore, et antérieures à son dépôt, dont une partie ont affecté les couches siluriennes d'une manière plus ou moins sensible.

Ainsi l'horizon géognostique du poudingue de Burnot, de Pépinster et de l'Ecosse, forme un des traits les plus largement dessinés de la structure stratigraphique de l'Europe septentrionale, depuis la rade de Brest jusqu'à la mer Blanche, et depuis les îles Shetland jusqu'à l'Ardenne et même jusqu'aux ballons des Vosges.

J'ajouterai peut-être quelque chose encore à l'intérêt que peut présenter cette rapide esquisse, si je montre que dans tout ce vaste espace, et même dans des contrées qui s'étendent beaucoup plus au midi, on peut suivre un grand ensemble de dislocations toutes concordantes entre elles par leurs directions, et toutes postérieures au terrain silurien et aux couches dévoniennes anciennes (*tilestone fossilifère*), mais toutes antérieures au vieux grès rouge et au terrain dévonien *proprement dit*.

Il ne me sera pas possible de comprendre aujourd'hui dans ce résumé la totalité des localités européennes dans lesquelles on a observé des directions dépendantes du *système du Westmoreland et du Hundsrück*. Je me bornerai à un certain nombre pour lesquelles j'ai actuellement des observations plus nombreuses ou plus précises que pour les autres, et je m'occuperai de grouper toutes ces observations de manière à en déduire une moyenne générale par les procédés que j'ai indiqués au commencement de cette note ; puis je comparerai cette moyenne générale aux observations locales pour apprécier l'importance des divergences partielles qui pourront se manifester.

Je vais passer en revue successivement, en allant du nord au sud, ces diverses localités ou cantons géologiques. Dans chacun d'eux, je remplacerai toutes les observations de direction par une moyenne qui représentera la direction d'un petit arc du grand cercle dont le milieu se rapporterait au centre du canton. On se rappellera qu'un léger déplacement dans ce point central n'apporterait pas de changement sensible dans le résultat final, d'où il suit que la détermination de ce point n'exige aucun travail spécial.

Pour chaque canton, je désignerai le point central de la manière la plus simple possible, et j'indiquerai sa latitude, sa longitude et l'orientation du petit arc du grand cercle qui y représente les observations de direction

1° *Laponie*. Dans ces dernières années, M. le professeur Keilhau a fait d'excellentes observations géologiques dans la Laponie norvégienne. Elles ont paru dans sa *Gæa-Norvegica* avec une carte géologique de cette contrée, et M. de Netto en a publié, dans un des derniers numéros du journal de MM. Leonhard et Bronn, un résumé accompagné d'une carte réduite (1). Les formations sédimentaires de la Laponie, déjà décrites en partie, il y a quarante ans, par M. Léopold de Buch, appartiennent, suivant toute apparence, au terrain silurien. Elles sont redressées dans des directions qui se rapprochent généralement de l'E.-N.-E. Je rapporte leur direction moyenne, déterminée simplement d'après la carte de M. de Netto, à un point à peu près central de la Laponie, pour lequel les désignations que j'ai annoncées sont : *Laponie*, lat. 70° N. : long. 23° 30′ E.; *direction* E. 22° 30′ N.

2° *Côte méridionale du golfe de Finlande*. La direction de la bande silurienne des provinces baltiques de la Russie, est assez exactement représentée par une ligne tirée de Revel à Cronstadt. Cette ligne, qui est sensiblement parallèle à la direction des couches siluriennes et à la direction générale de la côte méridionale de la Finlande, coupe le méridien de Dorpat, qui répond au milieu de la longueur du golfe de Finlande, sous un angle de 73°. Pour ce canton géologique, les désignations seront : *Estonie*, lat. 59° 30′ ; long. 24° 23′ 15″ E., *direction* E. 17° N.

3° *Île de Gothland*. Dans l'île de Gothland, les couches siluriennes plongent légèrement au S.-S.-E. et sont dirigées à l'E.-N.-E. (2). On peut prendre pour point central de ce canton la ville de Wisby, située à peu près au milieu de la longueur de l'île. *Wisby*, lat. 58° 39′ 15″; long. 16° 6′ 15″ E. ; *direction* E. 22° 30′ N.

4° *Grampians*. Le trait le plus facile à saisir dans la structure stratigraphique des Grampians est la direction presque rectiligne de leur base méridionale. Cette direction fait, avec le méridien du Loch-Tay qui se trouve presque au milieu de sa longueur, un

---

(1) *Jahrbuch für mineralogie, geognosie un petrefactenkunde*, année 1847, p. 129.

(2) Murchison, *Quarterly Journal of geology*, février 1847, t. III, p. 21.

angle de 52°. Je prends pour point central de ce groupe un point situé sur les bords du Loch-Tay, par 56° 25' de latitude nord et 6° 37' de longitude à l'O. de Paris. La désignation que j'ai annoncée devient alors pour ce groupe : — *Grampians*, lat. 56° 25' N., long. 6° 37' O., *direction* E., 38° N.

5° *Westmoreland*. D'après M. le professeur Sedgwick, les couches du groupe montagneux du Westmoreland se dirigent généralement du S.-O. un peu O., au N.-E. un peu E. J'adopte comme moyenne la direction E. 37° 30' N., et pour point central la ville de Keswick. — *Keswick*, lat. 54° 35' N., long. 5" 9' 13" O , *direction* E. 37° 30' N.

6° *Région silurienne*. Je prends pour centre de cette région le bourg de Church-Stretton, situé au pied du Longmynd, et pour direction la moyenne de celles que la belle carte de M. Murchison assigne aux couches siluriennes. — *Church-Stretton*, lat. 52° 35', long. 5" 10', 20" O., *direction* E. 42° N.

7° *Cornouailles*. La ligne suivant laquelle les couches siluriennes sont soulevées sur la côte S.-E. du Cornouailles, se dirige, d'après M. Murchison, au N.-E. et traverse la baie de Falmouth. Je prends cette ville pour point central. — *Falmouth*, lat. 50" 8', long. 7° 23' O., *direction* E. 45° N.

8° *Erzgebirge*. D'après le travail publié dernièrement par M. le professeur Cotta sur les filons de l'Erzgebirge (1), la direction moyenne des roches stratifiées de l'Erzgebirge rapportée au méridien magnétique, est *hora* 5 1/4. La déclinaison à Freiberg étant d'environ 16° 40' O., cette orientation revient à E. 27° 55' N. par rapport au méridien astronomique. Je prends naturellement pour point central Freiberg. — *Freiberg*, lat. 50° 55' 5" N., long. 11° 0' 25" E., *direction* E. 27° 55' N.

9° *Frankenwald*. Je prends pour point central la ville de Hof, où M. de Humboldt résidait lorsqu'il a eu la première idée de s'occuper de la direction remarquablement constante des couches de ces contrées, et je prends pour direction celle figurée sur la belle carte géologique de l'Europe centrale, par M. de Dechen, qui est E. 28° N. : les calcaires d'Ebersreuth, près Bayreuth, appartiennent à ce groupe. — *Hof*, lat. 50° 29' N., long. 9° 35' E., *direction* E. 28° N.

10° *Bohême*. J'ai fait en Bohême, en 1837, un certain nombre

---

(1) Cotta, *Die Erzgänge und ihre Bezeichnungen zu den Eruptivengesteinen, nachgewiesen im departement de l'Aveyron von Fournet.*

d'observations sur les directions des couches du terrain de calcaire , de schiste et de quartzite dont M. Joachim Barrande a si
bien établi depuis lors l'ordre de superposition et l'âge silurien ;
j'en ai fait aussi sur les directions des schistes et des gneiss qui
avoisinent le terrain silurien. Vingt-huit de ces observations faites
aux environs de Prague , de Przibram et de Brzezina , tombent
entre l'E et l'E. 50° N. , et donnent, pour moyenne, la direction
E. 28° 40′ N. Si on se bornait aux observations faites sur les couches siluriennes , la direction moyenne serait un peu moins éloignée de la ligne E.-O. Je m'en tiens à la moyenne générale. —
Prague, lat. 50° 5′ 19″, long. 12° 5′ E. , *direction* E. 28 40′ N.

11° *Ardenne*. Les couches du terrain ardoisier de l'Ardenne se
dirigent en général entre le N.-E. et l'E.-N.-E. ; d'après l'important mémoire que M. Dumont vient de publier sur le *terrain ar-
dennais*, elles oscillent autour d'une moyenne qui est à peu près
E. 25° N. J'avais indiqué moi-même d'une manière générale entre
Charleville et Fépin une direction moyenne de l'E.-N.-E. à
l'O.-S.-O. , en signalant en plusieurs points la direction E. 25°
N. (1) ; et d'après l'autorité de M. Dumont , qui a fait dans cette
contrée des observations plus nombreuses que les miennes, je
n'hésite pas à m'arrêter à cette même direction E. 25° N. qu'on
peut rapporter à Mont-Hermé dans la vallée de la Meuse. — *Ardenne*, lat. 49° 53′, long. 2° 23′ E. , *direction* E. 25° N.

12° *Condros*. La direction moyenne des couches de l'Ardenne
présente quelque incertitude à cause des écarts nombreux et considérables qu'on y observe , et cela m'engage à faire entrer en
ligne de compte la direction beaucoup plus régulière des couches
anthraxifères de Condros, direction que je regarde, ainsi que je
l'ai annoncé ailleurs (2), comme une reproduction postérieure et
accidentelle de celle des couches de l'Ardenne. D'après M. d'Omalius d'Halloy (3) , les crêtes du Condros se dirigent régulièrement
à l'E. 35° N. Le centre du Condros est un peu au N. de Marche
et Famene , par 3° de long. E. de Paris, et 50° 15′ de lat. N. —
Condros, lat. 50° 15′, long. 3° E. , *direction* E. 35° N.

13° *Taunus*. La chaîne du Taunus présente sur la route de Wies-

---

(1) *Explication de la carte géologique de la France*, chap. IV ,
t. Ier, p. 259 à 263.

(2) *Recherches sur quelques unes des révolutions de la surface du
globe*, extrait inséré dans la traduction française du *Manuel géologique* de M. de La Bèche , p. 646.

(3) D'Omalius d'Halloy (*Journal des mines*, t. XXIV, p. 275)

baden à Langen-Schwalbach, une série de couches de quartzites et de schistes, dont la direction moyenne est à l'E. 33° 13′ N. — *Taunus*, lat. 50° 41′ N. long. 5° 47′ E., *direction* E. 33° 13′ N.

14° *Binger-Loch*. Le Taunus est le prolongement oriental de la chaîne du Hundsrück, dont il est séparé par le Rhin, qui s'échappe de la plaine de Mayence par le défilé appelé le *Binger Loch*. Dans ce défilé la direction des couches de quartzites et de schistes verts de l'extrémité de Hundsrück, est assez irrégulière, ce qui tient sans doute à la formation violente de la fissure dont l'élargissement a produit le défilé. La moyenne des observations que j'y ai faites m'a donné la direction E. 43° 50′ N. — *Binger-Loch*, lat. 49° 55′, long. 5° 30′ E., *direction* E. 43° 50′ N.

15° *Hundsrück-Taunus*. Le Hundsrück et le Taunus ne forment réellement, comme on vient de le dire, qu'une seule chaîne coupée en deux par un défilé. La direction moyenne de cette chaîne, qui représente assez bien celle des diverses bandes du terrain de transition de la contrée, est à l'E. 27° 30′ N. On peut la rapporter au défilé qui partage la chaîne en deux tronçons. — *Binger-Loch*, lat. 49° 55′, long. 5° 30′ E., *direction* E. 27° 30′ N.

16° *Bretagne*. Parmi les directions comprises dans la désignation générale *hora 3-4* qui s'observent dans les roches schisteuses d'une foule de points de la presqu'île de Bretagne, une partie seulement me paraît se rapporter proprement au système du Westmoreland et du Hundsrück. On en voit un exemple bien développé dans les départements de l'Ille-et-Vilaine et des Côtes-du-Nord, aux environs de Cancale, de Jugon et de Lamballe. Point central, Saint-Malo. — *Saint-Malo*, lat. 48° 39′ 3″, long. 4° 21′ 26″ O., *direction* E. 42° 15′ N.

17° *Bretagne*. Lorsqu'on jette les yeux sur la partie de la carte géologique de la France qui représente la presqu'île de Bretagne, on est frappé de certaines lignes d'accidents stratigraphiques qui la traversent en entier, par exemple de Caen à Belle-Isle et du cap de la Hague à la pointe de Penmarch. La direction moyenne de ces lignes est à l'E. 47° N.; elles me paraissent devoir représenter la direction du système de Westmoreland et de Hundsrück; on peut les rapporter à Saint-Malo comme point central. — *Saint-Malo*, lat. 48° 39′ 3″, long. 4° 21′ 26″ O., *direction* E. 47° N.

18° *Schirmeck*. Aux environs de Schirmeck et de Framont les couches dévoniennes anciennes qui forment l'extrémité N.-E. du massif fondamental des Vosges se dirigent à l'E. 30° N. — *Schirmeck*, lat. 48° 26′ 40″, long. 4° 45′, E., *direction* E. 30° N.

19° *Massif central des Vosges*. Les couches schisteuses qui entrent dans la composition du massif fondamental des Vosges se dirigent moyennement à l'E. 35° N. ; on peut rapporter ces directions à Saint-Dié comme point central. — *Saint-Dié*, lat. 48° 17′ 27″, long. 4° 36′ 39″ E., *direction* E. 35° N.

20° *Montagne Noire*. Les directions observées dans le massif de la montagne Noire, au nord de Carcassonne, dont j'ai déjà parlé, peuvent être rapportées à un point à peu près central de ce massif situé par 43° 25′ lat. N. et 20′ longitude O. de Paris. — *Montagne Noire*, lat. 43° 25′ N., long. 20′ O., *direction* E. 34° N.

21° *Hyères*. Les couches schisteuses de la partie S.-O. des montagnes des Maures présentent, aux environs d'Hyères, des directions moins éloignées de la ligne E.-O. que dans le reste du massif; très souvent leur direction est à peu près E.-N.-E. — *Hyères*, lat. 43° 7′ 2″, long. 3° 47′ 40″, *direction* E. 22° 30′ N.

22° *Ile de Corse*. Les roches anciennes de l'île de Corse se dirigent moyennement, d'après M. Reynaud, vers l'E.-N.-E.; on peut les rapporter à Ajaccio comme point central. — *Ajaccio*, lat. 41° 55′ 1″, long. 6° 23′ 49″ E., *direction* E. 22° 30′ N.

Il s'agit maintenant de prendre correctement la *moyenne générale* de ces 22 directions moyennes partielles, en ayant égard aux positions géographiques respectives des points auxquels elles se rapportent.

Pour cela nous exécuterons l'opération indiquée dans le commencement de cette note. Nous choisirons un point sur la direction *présumée* du grand cercle de comparaison, qui doit représenter le système du Westmoreland et du Hundsrück, et auquel tous les petits arcs qui représentent les directions locales sont considérés comme étant approximativement parallèles ; nous y transporterons toutes les directions et nous en prendrons la moyenne.

Je *suppose* que le grand cercle de comparaison dont il s'agit passe au *Binger-Loch*, et je prends ce point pour *centre de réduction*.

Pour transporter au *Binger-Loch* la direction E. 22° 30′ N., observée en Laponie par 70° de lat. N. et 23° 30′ de long. E., je détermine, au moyen du tableau de la page 881, la différence des angles alternes internes que forme, avec les méridiens du Binger-Loch et du point d'observation en Laponie, l'arc de grand cercle qui réunit ces deux points : la différence est de 15° 35′ 23″. J'en conclus que, transportée au Binger-Loch, la direction E. 22° 30′ N., observée en Laponie, deviendra E. 22° 30′ + 15° 35′ 23″ — ε . N., ε étant l'excès sphérique d'un triangle sphérique rectangle dont je m'occuperai ultérieurement.

Exécutant la même opération pour chacun des 20 points dont
les directions doivent être transportées au Binger-Loch, je forme
le tableau suivant, dans lequel je comprends également les deux
directions qui se rapportent au Binger-Loch même, et je fais l'addition.

1°	Laponie.	E.	22°	30′	+	15°	35′	23″	—	ε .	N.
2°	Estonie.	E.	17	»	+	15	34	49	—	ε .	N.
3°	Wisby.	E.	22	30	+	8	37	46	—	ε .	N.
4°	Grampians.	E.	38	»	—	9	43	9	+	ε .	N.
5°	Keswick.	E.	37	30	—	8	26	24	+	ε .	N.
6°	Church-Stretton. . . .	E.	42	»	—	8	20	56	+	ε .	N.
7°	Falmouth.	E.	45	»	—	9	53	24	+	ε .	N.
8°	Freiberg.	E.	27	55	+	1	1	16	+	ε .	N.
9°	Hof.	E.	28	»	+	3	8	35	+	ε .	N.
10°	Prague.	E.	28	40	+	5	3	14	+	ε .	N.
11°	Ardenne.	E.	25	»	—	2	23	6	+	ε .	N.
12°	Condros.	E.	35	»	—	1	55	12	+	ε .	N.
13°	Taunus.	E.	33	13	+	»	13	3	+	ε .	N.
14°	Binger-Loch (couches).	E.	13	50	»	»	»	»	» »	N.	
15°	Binger-Loch (chaîne). .	E.	27	30	»	»	»	»	» »	N.	
16°	St-Malo (couches). . . .	E.	12	15	—	7	28	59	+	ε .	N.
17°	St-Malo (grandes lignes).	E.	47	»	—	7	28	59	+	ε .	N.
18°	Schirmeck.	E.	30	»	—	»	34	14	—	ε .	N.
19°	St-Dié.	E.	35	»	—	»	40	17	—	ε .	N.
20°	Montagne Noire. . . .	E.	34	»	—	4	13	37	—	ε .	N.
21°	Hyères.	E.	22	30	—	1	13	47	—	ε .	N.
22°	Ajaccio.	E.	22	30	+	»	38	53	-	ε .	N.

$$\text{Somme. .} \quad 706° \ 53' \ - \ 9° \ 29' \ 5'' \ + \ \Sigma \pm \varepsilon$$

La somme, toute réduction faite, est de 697° 23′ 55″ + Σ + ε,
et en la divisant par 22, on a pour la moyenne des directions rapportées au Binger-Loch

$$\text{E. } 31° \ 41' \ 59'' + \frac{\Sigma + \varepsilon}{22} \ \text{N.}$$

Pour qu'elle ne renferme plus rien d'indéterminé, il reste seulement
à apprécier la valeur de Σ + ε. La quantité ε que j'ai fait entrer dans
le tableau, est, comme je l'ai indiqué ci-dessus, p. 25, l'*excès
sphérique* d'un triangle sphérique rectangle qui a pour hypoténuse
la plus courte distance du *point central de réduction (Binger-Loch)*
au point d'observation auquel elle se rapporte, et pour l'un des
angles aigus, l'angle formé par la direction transportée au Binger-
Loch avec la plus courte distance. Il est aisé de voir que, suivant
la position respective du point central de réduction et du point
d'observation et suivant la direction qui a été observée, l'*excès
sphérique* dont il s'agit doit être employé soustractivement ou additivement, ainsi que le tableau l'indique et comme je l'ai aussi

rappelé dans l'expression de la somme, en y écrivant $\Sigma \overset{+}{-} \varepsilon$. Le tableau renferme 20 de ces quantités ε, dont 8 soustractives et 12 additives. La plupart sont nécessairement fort petites, et comme elles entrent dans la somme avec des signes contraires, elles doivent se détruire mutuellement, à très peu de chose près. Mais quelques unes, se rapportant à des points assez éloignés auxquels correspondent d'assez grands triangles, ont des grandeurs notables. La somme $\Sigma \overset{+}{-} \varepsilon$ se réduit sensiblement à celle de ces valeurs plus grandes que les autres, prises elles-mêmes avec le signe qui leur convient. Il est nécessaire de calculer les plus grandes de ces valeurs de ε pour apprécier l'influence qu'elles peuvent exercer sur la détermination de la direction moyenne.

Le calcul s'exécute très simplement au moyen du tableau de la page 35, ou en se servant directement des formules consignées page 36.

Par une simple construction faite sur une carte, on trouve que pour la Laponie on a approximativement $b = 22\,^\circ = 2444$ kil. $A = 34^\circ$ 1/2, ce qui donne, à l'aide de la formule $\cos C = \cos b \, \mathrm{tang}\, A$, $\varepsilon = 1^\circ 59' 35''$.

Pour tous les autres points on peut se contenter des résultats tirés à vue du tableau de la page 35, d'après les distances et les angles déterminés sur la carte, et on trouve :

Pour l'*Estonie*,	$b = 1611$ kil., $A = 18^\circ$,	$\varepsilon = 33'$;
Pour *Wisby*,	$b = 1102$ kil., $A = 24^\circ$,	$\varepsilon = 19'$;
Pour les *Grampians*,	$b = 1073$ kil., $A = 74^\circ 30'$,	$\varepsilon = 12'$;
Pour *Keswick*,	$b = 889$ kil., $A = 68^\circ 30'$,	$\varepsilon = 12'$;
Pour Church-Stretton.	$b = 786$ kil., $A = 60^\circ$,	$\varepsilon = 12'$;
Pour Falmouth,	$b = 907$ kil., $A = 41^\circ 1/2$,	$\varepsilon = 17'$;
Pour Saint-Malo (couches),	$b = 722$ kil., $A = 28^\circ$,	$\varepsilon = 9'$;
Pour Saint-Malo (gr. lignes),	$b = 722$ kil., $A = 32^\circ 45'$,	$\varepsilon = 10'$;
Pour la montagne Noire,	$b = 741$ kil., $A = 26^\circ 30'$,	$\varepsilon = 10'$;
Pour Hyères,	$b = 772$ kil., $A = 57^\circ 30'$,	$\varepsilon = 12'$;
Pour Ajaccio,	$b = 893$ kil., $A = 71^\circ 30'$,	$\varepsilon = 10'$.

Les valeurs de ε relatives aux autres points, tous plus rapprochés du Binger-Loch que les précédents, seraient encore plus petites, et comme elles entrent dans la valeur de $\Sigma \overset{+}{-} \varepsilon$, les unes positivement et les autres négativement, elles doivent se détruire presque exactement entre elles : on peut se dispenser d'en tenir compte.

Quant aux valeurs de ε qui viennent d'être calculées, la somme de celles qui sont prises négativement est $3^\circ 23' 35''$, la somme de celles qui sont prises négativement est $1^\circ 12'$; donc $\Sigma \overset{+}{-} \varepsilon = - 2^\circ$

11′ 35″ et $\dfrac{\Sigma \pm \varepsilon}{22} = -5′ 58″$, ou en nombres ronds à $\Sigma \pm \varepsilon = -6′$.

Or, dans l'état actuel des observations, il n'y a presque pas lieu de tenir un compte rigoureux d'un pareil résultat. Plusieurs des directions, dont nous prenons la moyenne, après les avoir transportées au Binger-Loch, présentent des incertitudes de plus de 3°, et le remplacement de leur valeur réelle exacte pour leur valeur approximative actuelle pourrait faire varier la moyenne de plus de 6′. Toutefois, comme il est évident que la somme des *excès sphériques* est négative, et qu'elle tend à diminuer la moyenne de plusieurs minutes, nous y aurons égard, autant qu'il est permis de le faire aujourd'hui, en adoptant pour la direction moyenne du système du Westmoreland et du Hundsrück, transportée au Binger-Loch, un chiffre un peu plus petit que celui donné par notre premier calcul, et nous la fixerons en *nombres ronds* à E. 31° 30′ N.

Je ferai remarquer, en passant, combien le choix d'un point à peu près central, comme le Binger-Loch, pour centre de réduction, a simplifié notre marche : d'une part, la somme des angles ajoutés ou retranchés aux directions transportées pour tenir compte de la convergence des méridiens vers le pôle, s'est réduite, toute compensation faite, à — 9° 29′ 5″ ; d'une autre part, la somme des excès sphériques s'est réduite, toute compensation faite, à environ 2° 11′ ; de sorte que le nombre 31° 30′, qui représente la direction, diffère peu d'être la 22ᵉ partie de 706° 23′, somme des nombres qui représentent les directions partielles, car $\dfrac{706° \ 23′}{22} = 32° 6′ 30″$. Le résultat de tous ces calculs est d'arriver à réduire cette moyenne de 36′ 30″. Or, en y arrivant, comme nous l'avons fait par une série de compensations, on évite beaucoup de chances d'erreurs dans lesquelles on aurait été plus exposé à tomber en prenant pour centre de réduction un point excentrique tel que la montagne Noire ou la Laponie.

Il nous reste maintenant à nous rendre compte du degré de confiance que mérite notre moyenne. Pour cela j'exécute l'opération inverse de celle que j'ai faite, en transportant au centre de réduction toutes les directions observées : je reporte la direction moyenne du centre de réduction à chacun des points d'observation, et je la compare à la direction observée. Dans ce nouveau transport je ne tiendrai compte de l'excès sphérique que pour les points où je l'ai déterminé ci-dessus, points qui sont les seuls où il ait quelque importance. A la rigueur il faudrait calculer de

— 64 —

nouveau l'*excès sphérique* pour chacun des points d'observation en le rapportant à la direction moyenne déterminée pour le Binger-Loch, et non à la direction observée en chaque point; mais les corrections qui résulteraient de ces nouveaux calculs seraient peu considérables et peuvent être négligées.

D'après les calculs auxquels nous nous sommes déjà livrés, la direction E. 32° 1/2 N. transportée, ainsi que je viens de le dire, du Binger-Loch au point d'observation en Laponie, devient E. 31° 30' — 15° 35' 23" + 1° 59' 35" N. = E. 17° 54' 12" N. Elle diffère de la direction observée E. 22° 30' N., de 4° 35' 48".

En opérant de la même manière pour tous les autres points d'observation, j'ai formé le tableau suivant :

| | Direction | | | | | | | | |
	calculée.				observée.		Différence.		
Laponie.	E. 17°	54'	12" N.	22°	30'	+	4°	35'	48"
Estonie.	E. 16	28	17 N.	17	»	+	0	31	43
Wisby.	E. 23	11	14 N.	22	30	—	0	41	14
Grampians.	E. 41	1	9 N.	38	»	—	3	1	9
Keswick.	E. 39	44	24 N.	37	30	—	2	14	24
Church-Stretton. . . .	E. 39	38	56 N.	42	»	+	2	21	4
Falmouth.	E. 41	6	24 N.	45	»	+	3	53	36
Freiberg.	B. 27	28	44 N.	27	55	+	0	26	16
Hof.	E. 28	21	25 N.	28	»	—	0	21	25
Prague.	E. 26	26	46 N.	28	40	+	2	13	14
Condros.	E. 33	25	12 N.	35	»	+	1	34	48
Ardenne.	E. 33	53	6 N.	25	»	—	8	53	6
Taunus.	E. 31	16	57 N.	33	13	+	1	56	3
Binger-Loch (couches).	E. 31	30	00 N.	44	50	+	12	20	00
Binger-Loch (chaîne). .	E. 31	30	00 N.	27	30	—	4	00	00
St-Malo (couches). . . .	E. 38	49	59 N.	42	15	+	3	25	1
St-Malo (grandes lignes).	E. 38	48	59 N.	47	»	+	8	11	1
Schirmeck.	E. 32	4	14 N.	30	»	—	2	4	14
St-Dié.	E. 32	10	17 N.	35	»	+	2	49	43
Montagne Noire. . . .	E. 35	53	37 N.	34	»	—	1	53	37
Hyères.	E. 32	55	47 N.	22	30	—	10	25	47
Ajaccio.	E. 31	1	7 N.	22	30	—	8	31	7
						+	2°	12'	12"

La somme des différences ne devait pas être nulle, parce que nous avons adopté pour le point central de réduction (Binger-Loch) la direction E. 31° 30' N. exprimée en nombres ronds, au lieu de la moyenne des directions transportées en ce point. Pour plusieurs des points d'observation les différences sont considérables, mais on n'a pas droit d'en être surpris d'après la nature même des observations faites dans ces points. Ainsi pour les couches du Binger-Loch la différence est de plus de 12°, mais nous avons remarqué tout d'abord que la direction est probablement anomale. Pour Hyères, pour Ajaccio et pour la Laponie, les différences sont considérables aussi, mais nous avons simplement employé pour ces trois points la direction E.-N.-E. Or, lorsqu'on exprime une direction de cette manière, il est généralement sous-entendu qu'on ne prétend pas les fixer très rigoureusement. Pour les grandes lignes qui traversent la Bretagne la différence est de 8° 11′ environ ; mais la direction de ces lignes ne se prête pas à une détermination complétement rigoureuse. Pour l'Ardenne, la différence est de près de 9° : c'est une des plus considérables et peut-être des plus singulières que renferme le tableau. Je suis porté à l'attribuer principalement à ce que la dislocation qui a relevé le front de l'Ardenne, près de Mézières, suivant la direction du système des ballons (1), a comprimé la masse des terrains schisteux situés plus au nord, et rapproché leur direction de la ligne E.-O. La production des dislocations du système du Hainaut peut encore avoir concouru plus tard au même résultat. Quant aux autres points, pour lesquels la direction observée paraît mériter plus de confiance, les différences ne dépassent pas 4°, et elles sont le plus souvent audessous de 3°, c'est-à-dire qu'elles ne sont guère au-dessus des incertitudes et des erreurs que comportent les observations ellesmêmes.

Nous remarquerons encore que les différences les plus considérables sont les unes en plus et les autres en moins, d'où il résulte qu'elle approchent beaucoup de se compenser, et qu'on retrouverait à très peu près la même moyenne, en regardant comme défectueuses les observations qui y ont donné naissance, et en ne tenant compte que des autres.

Enfin, faisant un retour vers le point de départ de toutes les observations de ce genre, nous remarquerons que non seulement la direction E. 31° 1/2 N., qui se rapporte à un point de l'Allemagne septentrionale, rentre complétement dans l'indication *hora* 3-4, donnée il y a plus d'un demi-siècle par M. de Humboldt ; mais que cette moyenne, transportée à *Hof*, ne diffère *pas d'un demidegré* de la direction générale des couches de Frankenwald que l'illustre voyageur a signalée, au début de sa carrière, comme se reproduisant d'une manière très générale dans les couches schisteuses anciennes d'une grande partie de l'Europe.

La direction moyenne E. 31° 1/2 N. que nous avons adoptée pour

---

(1) Voyez *Explication de la carte géologique de la France*, chap. iv, t. Ier, p. 266.

le Binger-Loch, détermine celle de la tangente directrice du *système du Westmoreland et du Hundsrück*. L'angle A, formé par cette tangente avec le méridien du Binger-Loch, est égal au complément de 31° 1/2 ou à 58° 1/2.

Mais pour déterminer complétement sur la sphère terrestre la position de ce système dont nous avons *supposé* que le grand cercle de comparaison passe par le Binger-Loch, il faudrait confirmer ou rectifier cette supposition en déterminant, comme je l'ai indiqué dans la première partie de cette note, l'*angle équatorial* E.

Malheureusement les données que nous avons soumises au calcul ne paraissent pas assez précises pour conduire à une valeur de cet angle, à laquelle on puisse attacher une importance réelle. Le point de départ des calculs à faire se trouverait dans les différences contenues dans le tableau que nous venons de former; mais ces différences ne suivent aucune loi régulière, tout annonce qu'elles sont dues en grande partie aux erreurs d'observation, et qu'en les employant dans un calcul, on le baserait sur une combinaison de chiffres presque entièrement fortuite. Il n'y a pas lieu d'exécuter un pareil calcul; ainsi, quant à présent, l'opération ne peut être poussée plus loin, et nous sommes obligé de nous en tenir à la *supposition* que le grand cercle qui passe au Binger-Loch en se dirigeant à l'E. 31° 1/2 N., est le grand cercle de comparaison ou l'équateur du *système du Westmoreland et du Hundsrück*.

Il est probable, sans doute, que cette supposition n'est pas tout à fait exacte et qu'elle est destinée à subir une *rectification ultérieure*. Il est toutefois à observer que le grand cercle dont il s'agit divise à peu près en deux parties égales l'ensemble des points où ont été observés jusqu'à présent les ridements dépendants du *système du Westmoreland et du Hundsrück*, et cette remarque doit porter à présumer que le grand cercle de comparaison provisoire que nous adoptons ne sera pas déplacé, dans la suite, d'une quantité très considérable.

Après avoir ainsi discuté la direction du *système du Westmoreland et du Hundsrück*, après avoir reconnu que le groupe compacte et uniforme des lignes stratigraphiques dont ce système se compose, est antérieur, dans toute l'Europe, au vieux grès rouge et au terrain dévonien proprement dit, et postérieur au terrain silurien et aux couches dévoniennes anciennes (*tilestone* et *tilestone fossilifère*), nous pourrons nous montrer plus difficiles que par le passé, pour y laisser renfermés des accidents stratigraphiques qui n'y figuraient qu'à titre d'anomalies. Nous pourrons, suivant la marche que j'ai indiquée depuis longtemps (voyez le commencement de cette note), essayer de séparer ces anomalies et de les grouper elles-mêmes en systèmes.

D'après les observations déjà anciennes de M. Murchison, consignées et figurées, dès l'année 1835, dans sa première notice sur le système silurien, les collines du *Longmynd*, dans la région silurienne, sur les pentes desquelles se trouve le bourg de *Church-Stretton*, sont formées de schistes et de grauwackes schisteuses. Les couches de ces roches sont fortement redressées et courent au N. 25° E. Les couches siluriennes les plus anciennes reposent sur leurs tranches en stratification discordante. Ces dernières, beaucoup moins redressées que celles qui leur servent de support, se dirigent à l'E. 42° N.; la différence entre les deux directions est de 23°, et la différence entre la première et la direction E. 39 44′ 56″ N. du système du Westmoreland et du Hundsrück, transportée à Church-Stretton, est de 25° 15′ 4″, c'est-à-dire plus que double de la plus grande des différences contenues dans le *tableau des différences* que j'ai présenté ci-dessus; bien que dans la région silurienne proprement dite les deux classes de directions forment deux groupes fort réguliers. Comme il est évident, en même temps, que les couches du Longmynd ont été redressées avant le dépôt des couches siluriennes les plus anciennes de la contrée, notamment avant celui du *caradoc sandstone*, j'ai cru devoir considérer le *Longmynd* comme le type d'un nouveau système de montagnes plus ancien que le terrain silurien et que je propose de nommer *système de Longmynd*.

Partant de ce premier aperçu, j'ai cherché si, en *épluchant*, pour ainsi dire, tous les accidents stratigraphiques des couches les plus anciennes de l'Europe, dirigés entre le N. et le N.-E., je n'en trouverais pas un certain nombre dont l'âge fût de même antérieur au terrain silurien, et dont les directions fussent assez peu divergentes pour qu'il y eût lieu d'en prendre la moyenne après les avoir toutes ramenées à un *point central de réduction* par le procédé que j'ai employé ci-dessus.

Voici les résultats que j'ai obtenus. Ils sont encore peu nombreux; ils me paraissent suffire cependant pour donner déjà une assez grande probabilité à l'existence réelle du *système du Longmynd*.

1° *Région silurienne*. Dans les collines du *Longmynd*, aux environs de Church-Stretton, la stratification des roches schisteuses et arénacées sur lesquelles le *caradoc sandstone* repose en stratification discordante est dirigée au N. 25° E. — *Church-Stretton*, lat. 52° 35′, long. 5° 10′ 20″ O., *direction* N. 25° E.

2° *Bretagne*. Les schistes anciens de la Bretagne présentent dans certaines parties de cette presqu'île beaucoup d'accidents stratigraphiques dirigés à peu près au N.-N.-E. Cette direction se manifeste particulièrement par la forme allongée du S.-S.-O, au N.-N.-E. d'un grand nombre de masses éruptives de granite et de syénite qui pénètrent les schistes anciens, et par la manière dont différentes masses de cette nature s'alignent et se raccordent entre elles. On voit beaucoup d'exemples de ce phénomène aux environs de Morlaix, notamment entre Morlaix et Saint-Pol-de-Léon, où l'orientation de l'ensemble des accidents de cette espèce est assez bien représentée par une ligne tirée de Saint-Pol-de-Léon à Landivisiau, ligne dont le prolongement passe près de Douarnenez, et dont la direction est à peu près S. 20° 30′, O.-N. 20° 30′ E.

M. Dufrénoy me paraît avoir signalé un autre accident du même système, lorsqu'il a dit dans le troisième chapitre de l'explication de la carte géologique de la France : « L'extrémité O. du » bassin de Rennes appartient encore au terrain cambrien. Nous » sommes, il est vrai, peu certains de la limite qui sépare dans ce » bassin, les deux étages du terrain de transition ; mais cepen- » dant nous la croyons peu éloignée d'une ligne qui se diri- » gerait du N. 15 à 20° E., au S. 15 à 20° O., et qui suivrait à » peu près la route de Ploërmel à Dinan. En effet, les terrains » situés à gauche et à droite de cette ligne présentent des carac- » tères essentiellement différents (1). »

Enfin un examen attentif de la carte géologique montre que la classe d'accidents qui nous occupe se dessine à très grands traits dans la structure géologique de la presqu'île de Bretagne, par exemple par la ligne tirée du Cap de la Hague à Jersey, à Uzel, à Baud, etc., du N. 21° 30′ E., au S. 21° 30′ O. : par la ligne de Guernesey aux îles Glenan qui est sensiblement parallèle à la précédente, et par la ligne tirée de Barfleur à l'île d'Hoedic, suivant la direction du N. 24° E., au S. 24° O.

La moyenne des différentes directions que je viens de citer est le N. 21° E. Elle peut être rapportée à Morlaix qui est le point dans le voisinage duquel ces mêmes directions se dessinent le plus nette-ment. — *Morlaix*, lat. 48° 30′, long. 6° 10′ O., *direction* N. 21° E.

3° *Normandie*. On peut voir par différents passages du mémoire de M. Puillon-Boblaye sur la constitution géologique de la

---

(1) Dufrénoy, *Explication de la Carte géologique de la France*, t. 1ᵉʳ, p. 210.

Bretagne, qu'il y avait aperçu cette classe d'accidents en beaucoup de points ; mais il les signale surtout dans une région distincte de la précédente et située sur les confins de la Bretagne et de la Normandie, entre Domfront, Vire, Avranches et Fougères, où il a vu régner, sur une étendue de plus de 200 lieues carrées, une formation complexe de granite et de roches maclifères qui en est spécialement affectée. Il mentionne particulièrement le gneiss maclifère de Saint-James, département de la Manche, comme stratifié du N.-N.-E au S.-S.-O. (1). Les accidents de la classe qui nous occupe, tant en Normandie qu'en Bretagne, s'observent seulement dans les terrains qui servent de base au terrain silurien, et sont par conséquent antérieurs au dépôt de ce dernier. — *Saint-James*, lat. 48° 34' 18'', long. 3° 39' 34'' O., *direction* N. 22° 30' E.

4° *Limousin*. — Les granites du Limousin forment, au milieu des gneiss, des bandes assez irrégulières qui cependant ont une tendance marquée à se rapprocher de la direction N. 26° E. S. 26° O. Le point central de la région où on les observe se trouve à peu près par 46° de lat. et 40' de long. O. de Paris. La formation de ces bandes de granite et de gneiss paraît être très ancienne. — *Limousin*, lat. 46°, long. 0° 40' O., *direction* N. 26° E.

5° *Erzgebirge*. Un examen attentif de la belle carte géologique de la Saxe, publiée par MM. Naumann et Cotta, fait distinguer dans l'Erzgebirge quelques traces de dislocations dont la direction est comprise entre le N.-E. et le N.-N.-E. La limite N.-O. du massif de gneiss de Freiberg en est un exemple. D'après M. Naumann, la ligne de séparation des deux roches entre Nossen et Augustusburg se dirige *hora* 3 3/8 par rapport au méridien magnétique. Cette ligne et toutes celles qui s'en rapprochent par leur direction sont promptement interrompues, comme le sont celles que je viens d'indiquer aux environs de Morlaix. Tout annonce qu'elles ont été croisées par la plupart des autres dislocations qui ont affecté les couches de l'Erzgebirge ; elles doivent donc remonter à une époque antérieure au plissement et même au dépôt des couches dévoniennes anciennes (*tilestone fossilifère*) et des couches siluriennes, ce qui les rapproche bien naturellement du redressement des couches du Longmynd.

La direction *hora* 3 3/8 transformée en degrés devient N. 50° 37' 30'' E., et, corrigée de la déclinaison magnétique qui est à Frei-

---

(1) Puillon-Boblaye, *Essai sur la configuration et la constitution géologique de la Bretagne.* — *Mémoires du Muséum d'histoire naturelle*, t. XV, p. 49 (1827).

berg d'environ 16° 40', vers l'O., elle devient N. 33° 57' 30" E. Les directions dont je viens de parler peuvent être rapportées à Freiberg, étant observées dans des points de l'Erzgebirge qui n'en sont pas très éloignés. — *Freiberg*, lat. 50° 55' 5", long. 11° 0' 25" E., *direction* N, 33° 57' 30" E.

6° *Moravie et parties adjacentes de la Bohême et de l'Autriche.* D'après la carte géologique de l'Allemagne, dressée par M. de Buch et publiée par Schropp, et d'après la carte géologique de l'Europe moyenne, publiée par M. de Dechen, le sol de la partie S.-E. de la Bohême et des parties adjacentes de la Moravie et de l'Autriche est formé principalement de zones alternatives de granite et de gneiss, avec calcaire et autres roches subordonnées, qui se dirigent au N. 30 à 35° E.; moyenne, N. 32° 30' E. Aucune trace de cette série d'accidents ne se prolonge à travers la bande silurienne des environs de Prague, ce qui indique qu'ils sont dus à des phénomènes d'une date antérieure au dépôt du terrain silurien. Les accidents stratigraphiques dont il s'agit s'observent particulièrement près des limites communes des trois provinces, dans une contrée dont le centre est peu éloigné de Zlabings. — *Zlabings*, lat. 48° 59' 54, long. 13° 1' 9" E., *direction* N. 32° 30' E.

7° *Intérieur de la Suède.* Les terrains anciens de l'intérieur de la Suède, sur lesquels le terrain silurien repose en stratification discordante, présentent beaucoup d'accidents stratigraphiques d'une origine antérieure aux grès et poudingues quartzeux qui constituent la base du terrain silurien. D'après la carte géologique de la Suède publiée par M. Hisinger, ces accidents forment plusieurs groupes dont l'un se dessine fortement dans le voisinage de la ligne tirée de Gotheborg à Gefle, tant par les accidents topographiques que par les contours de certaines masses minérales, et par des masses calcaires lenticulaires qui s'alignent entre elles. Ces accidents statigraphiques, dont le prolongement méridional passe très près des dépôts siluriens horizontaux du Kinnecülle et des collines de Ballingen, sont dus, sans aucun doute, à des phénomènes antérieurs à l'existence du terrain silurien. Les lignes suivant lesquelles ils se dessinent s'éloignent un peu moins du méridien que ne le fait la ligne tirée de Gotheborg à Gefle, qui, vers le milieu de sa longueur, coupe le méridien sous un angle de 42°. Vers le milieu de l'intervalle compris entre ces deux villes, les lignes stratigraphiques courent sensiblement au N. 38° E. — *L'itréa de la distance de Gotheborg à Gefle*, lat. 59° 11' 44", long. 12° 12' 42" E., *direction* N. 38° E.

8° *Nord-ouest de la Finlande.* Dans la partie N.-O. de la Finlande, aux environs d'Uleaborg, la côte S.-E. du golfe de Bothnie se dirige, entre Vasa et Uleaborg, sur une longueur d'environ 300 kilomètres et avec une régularité remarquable, suivant une ligne qui fait avec le méridien d'Uleaborg un angle de 42° 1/2. La côte du golfe de Bothnie est formée, dans cette partie, de roches primitives dont les accidents stratigraphiques paraissent être parallèles à la côte et se prolonger vers le N.-E. jusque dans les montagnes de la Laponie russe. Ces accidents stratigraphiques, de même que la côte dont ils ont déterminé la position, sont eux-mêmes très rapprochés du prolongement de ceux que nous venons de signaler en Suède, entre Gotheborg et Gefle. La direction dont nous nous occupons ne paraît pas se continuer à travers la partie silurienne ou dévonienne ancienne de la Laponie ; elle est due, suivant toute apparence, à des phénomènes d'une date antérieure au dépôt du terrain silurien. Je crois donc être fondé à rapporter au système du Longmynd les accidents stratigraphiques dont je viens de parler. — *Uleaborg*, lat. 64° 59', long. 23° 9' 36" E , *direction* N. 42° 1/2 E.

9° *Sud-est de la Finlande*. D'après l'intéressante notice sur la géologie de la Russie que M. Strangways a communiquée en 1821 à la Société géologique de Londres (1), les roches schisteuses de toute la partie méridionale de la Finlande, depuis Abo et les îles de Pargas jusqu'à Viborg, se dirigent en général à peu près au N.-E. Les granites des environs de Viborg sont limités du côté des plaines de Saint-Pétersbourg par une ligne qui court aussi à peu près au N.-E. M. le capitaine Sobolevski dit, dans son intéressant mémoire sur le S.-E. de la Finlande (2), que la direction des gneiss des environs d'Imatra, au milieu desquels est creusé le lit de la célèbre cataracte de la Vokça, à quelques lieues au N. de Viborg, est *presque de quatre heures*, c'est-à-dire presque N. 60° E par rapport au méridien magnétique. La déclinaison dans cette contrée étant d'environ 8° à l'O., je me crois fondé à conclure qu'une classe importante des accidents stratigraphiques du S.-E. de la Finlande serait assez bien représentée par une ligne passant à Viborg et dirigée vers le N. 50° E. Ces accidents stratigraphiques ne se continuant pas dans les couches siluriennes de la côte méridionale du golfe de Finlande, doivent être antérieurs au dépôt du terrain silurien. — *Viborg*, lat. 60° 42' 40", long. 26° 25' 50" E., *direction* N. 50° E.

---

(1) W. Strangways, *An outline of the geology of Russia. Transactions of the geological Society of London*, new series, t. I, p. 1.

(2) Sobolevski, *Coup d'œil sur l'ancienne Finlande*, etc.... *Annuaire du Journal des mines de Russie* (1839), p. 117.

10° *Montagnes des Maures et de l'Esterel.* Dans le chapitre sixième de l'explication de la carte géologique de la France, j'ai consigné un assez grand nombre de directions observées dans les roches stratifiées anciennes des montagnes des Maures et de l'Esterel qui bordent la Méditerranée entre Toulon et Antibes (1). J'ai représenté ces observations par une rose des directions qui rend manifeste la tendance qu'ont les couches dont il s'agit à se diriger vers le N.-E., ou plus exactement vers le N. 44° E. (E. 46° N.). Cette direction est comprise parmi celles qu'embrasse la désignation générale *hora* 3-4, mais elle se trouve très rapprochée de leur limite nord, et elle s'éloigne beaucoup de la direction moyenne du système du *Westmoreland* et du *Hundsrück*, que nous avons trouvée être au *Binger-Loch* E. 31° 1/2 N., et qui, rapportée à Hyères, devient E. 32° 55′ 47″ N., et rapportée à Saint-Tropez, E. 32° 33′ 58″ N. Ces deux dernières orientations se rapprochent beaucoup l'une et l'autre de l'E. 32° 1/2 N., et par conséquent lorsqu'on les compare à la direction E. 46° N. indiquée par la rose des directions, la différence est de plus de 13°.

Ce fait est un des premiers qui m'aient porté à soupçonner que les directions de date très ancienne, comprises dans la désignation générale *hora* 3-4 ou très voisine d'y rentrer, devraient être divisées en plusieurs groupes.

Cette subdivision n'est pas indiquée sur la rose des directions des roches schisteuses anciennes des Maures et de l'Esterel ; mais on peut croire que cela tient à l'imperfection de quelques unes des observations dont cette rose offre le tableau. La plupart de ces observations sont exprimées en degrés, cependant quelques unes le sont d'une manière plus générale, telle que N.-E. ou E.-N.-E. Les observations qui sont exprimées de cette manière sont celles qui ont été faites en des points où la direction de la stratification ne pouvait être mesurée avec plus de précision. Des recherches plus suivies les feraient disparaître du tableau, où elles seraient remplacées par des directions cotées en degrés qui ne seraient pas toutes E. 45° N., ou E. 22° 1/2 N., qui pourraient même s'écarter notablement de l'un ou de l'autre de ces deux points de la boussole. Si ce remplacement avait lieu, il est probable que les directions se presseraient en moins grand nombre dans le voisinage de la direction N.-E. Cette direction appauvrie diviserait alors le faisceau

---

(1) *Explication de la Carte géologique de la France*, t. Ier, p. 467.

en deux groupes, dont l'un se rapprocherait davantage de la direction E.-O., et l'autre de la direction N.-S.

J'ai cherché à effectuer cette décomposition d'une manière approximative pour voir quelle serait à peu près la direction du groupe le moins éloigné de la direction N.-S.

Pour y parvenir j'ai remarqué que la rose des directions en contient 92, comprises entre l'E. 15° N. et l'E. 75° N. inclusivement (1). La moyenne de toutes ces directions est égale à $\dfrac{4275°}{92}$ = 46° 34' 34". J'ai retranché de ces 92 directions toutes celles qui sont comprises entre E. 15° N. et E. 32° 1/2 N., puis un certain nombre de celles qui sont plus éloignées de la ligne E.-O. de manière à ce que la moyenne de toutes les directions retranchées soit environ E. 32° 1/2 N. Après le retranchement de ces directions, au nombre de 33, formant un total de 1075°, le tableau n'en renfermerait plus que 59, formant un total de 3200°, et donnant par leur moyenne la direction E. 54° 14' 14" N., ou N. 35° 45' 46" E., direction qui ne diffère pas de 4° de celle du Longmynd transportée à Saint-Tropez. Cette différence, toute faible qu'elle est, pourrait encore être atténuée. En effet, la division du groupe total des directions voisines du N.-E. en deux faisceaux, dont l'un donne à peu près pour moyenne la direction E. 32° 1/2 N., est un problème d'analyse indéterminée qui peut être résolu de plusieurs manières. Il est aisé de voir que parmi toutes les divisions que comporte le groupe de directions voisines de N.-E. constitué comme il est sur la rose des directions, j'ai adopté celle qui donnait pour le second faisceau la direction la moins éloignée de la ligne N.-S. Mais si le remplacement du petit groupe de directions rapportées exactement au N.-E. était effectué, ainsi que je l'ai indiqué, il existerait d'autres solutions, et dans celle que l'on obtiendrait en suivant la marche suivie ci-dessus, le faisceau septentrional se rapprocherait un peu plus encore de la ligne N.-S. que dans la solution que j'ai obtenue, de sorte que la différence, 4°, toute faible qu'elle est, se trouverait encore atténuée.

Si les deux faisceaux dans lesquels on peut ainsi diviser les directions des roches stratifiées anciennes des Maures et de l'Esterel correspondent à des phénomènes de dates différentes, il est évident que le plus moderne est celui qui se rapproche le plus de la

---

(1) *Explication de la carte géologique de la France*, t. Ier, p. 467.

— 74 —

ligne E.-O. , car on observe particulièrement des directions de ce groupe aux environs d'Hyères et dans la presqu'île de Giens , où les roches schisteuses , quartzeuses et calcaires , paraissent appartenir au terrain silurien ou au terrain dévonien ancien (*tilestone*). Les directions , plus rapprochées de la ligne N.-S. , s'observent au contraire plus particulièrement dans les micaschistes et les gneiss du reste du massif des Maures, ce qui semble indiquer qu'elles sont dues à des phénomènes plus anciens. Tout conduit ainsi à les rapprocher de celles de Longmynd et des autres localités que nous venons de parcourir. On peut rapporter ces directions à Saint-Tropez, comme à un point suffisamment central , relativement à ceux où elles ont été observées. On a ainsi pour représenter les directions qui nous occupent dans les montagnes des Maures et de l'Esterel. — *Saint-Tropez* , lat. 43° 16' 27" long. 4° 18' 29" E. , *direction*. N. 35° 45' 46" E.

Les dix contrées dans lesquelles nous venons de suivre des lignes stratigraphiques que je crois pouvoir rapporter au *système Longmynd* sont réparties dans diverses parties de l'Europe situées les unes à l'O. , les autres à l'E. , quelques unes beaucoup au N. et les dernières au S du *Binger-Loch*. Ce dernier point, qui nous a déjà servi de *centre de réduction* pour le *système du Westmoreland et du Hundsruck* , remplit encore assez bien les conditions de point central par rapport au nouveau groupe d'observations que nous élaborons. En conséquence nous prendrons le *Binger-Loch* pour *centre de réduction du système de Longmynd*.

En suivant la même marche que précédemment nous formerons le tableau suivant :

1° Church-Stretton. . . .	N.	25°	»'	»"	+	8°	21'	18"	—	ε . E.
2° Morlaix.	N.	21	»	»	+	8	50	46	—	ε . E.
3° Saint-James.	N.	22	30	»	+	7	5	55	—	ε . E.
4° Limousin.	N.	26	»	»	+	7	56	52	—	ε . E.
5° Freiberg.	N.	33	57	30	—	4	1	16	—	ε . E.
6° Zuabings.	N.	32	30	»	—	5	42	53	—	ε . E.
7° Milieu de la distance de										
Gotheborg à Gelfe. .	N.	38	»	»	—	5	32	56	+	ε . E.
8° Uleaborg.	N.	42	30	»	—	14	57	6	+	ε . E.
9° Viborg.	N.	50	»	»	—	17	14	48	—	ε . E.
10° St-Tropez.	N.	35	45	46	+	»	51	58	+	ε . E.
Somme. .		327°	13'	16"	—	14"	22'	16"	+	Σ ± ε

En réduisant complétement la somme des données consignées dans ce tableau, elle devient 312° 51' $+ \Sigma \pm \varepsilon$, et en divisant cette somme par 10 , nombre des directions partielles, on a pour la direction moyenne du *système de Longmynd*, rapportée au *Binger-*

Loch N. 31° 17′ 6″ $+ \dfrac{\Sigma \pm \varepsilon}{10}$. Dans cette expression il ne reste plus d'indéterminé que $\Sigma \pm \varepsilon$, c'est-à-dire la somme des corrections dues aux excès sphériques de certains triangles rectangles dont j'ai déjà indiqué plusieurs fois les éléments.

Le *Binger-Loch* est placé presque aussi heureusement par rapport aux observations que nous discutons actuellement, comme déterminant le *système de Longmynd*, que par rapport à celles discutées ci-dessus pour déterminer le *système du Westmoreland et du Hundsrück*. Il se trouve peu éloigné du prolongement direct des directions signalées en Suède et dans le N.-O. de la Finlande, de manière que bien que les points où ces directions s'observent soient fort éloignés du Binger-Loch, les *excès sphériques* qui leur correspondent sont peu considérables ; ceux qui se rapportent aux autres points d'observation sont également assez petits. Au moyen de constructions exécutées sur la carte et du tableau de la page 35, on trouve :

Pour Church-Stretton,	$b =$ 796 kil.,	A $= 82°$ 1/2,	$\varepsilon = 3′$;
Pour Morlaix,	$b =$ 806 kil.,	A $= 54°$,	$\varepsilon = 13′$;
Pour Saint-James,	$b =$ 680 kil.,	A $= 52°$,	$\varepsilon = 9′$;
Pour le Limousin,	$b =$ 490 kil.,	A $= 17°$ 1/4,	$\varepsilon = 3′$;
Pour Freiberg,	$b =$ 410 kil.,	A $= 44°$,	$\varepsilon = 3′$;
Pour Zlabings,	$b =$ 556 kil.,	A $= 71°$ 1/2.	$\varepsilon = 4′$;
Pour la Suède,	$b =$ 1110 kil.,	A $= 11°$,	$\varepsilon = 9′$;
Pour Uleaborg,	$b =$ 1980 kil.,	A $= 2°$ 25′,	$\varepsilon = 7′$;
Pour Viborg,	$b =$ 1780 kil.,	A $= 6°$ 30′,	$\varepsilon = 15′$;
Pour Saint-Tropez,	$b =$ 450 kil.,	A $= 29°$,	$\varepsilon = 10′$.

En ayant égard au signe avec lequel chacun de ces *excès sphériques* doit être pris, on trouve $\Sigma \pm \varepsilon = -24′$, et par suite $\dfrac{\Sigma \pm \varepsilon}{10} =$ — 2′ 24″. Cette valeur est à peu près négligeable ; nous nous bornerons, pour y avoir égard, à diminuer de 2′ 6″ la moyenne ci-dessus et nous adopterons, comme étant nombres ronds, la moyenne la plus correcte possible de toutes les observations que nous avons considérées rapportées au *Binger-Loch* N. 31° 15′ E. Nous avions trouvé pour la direction du *système du Westmoreland et du Hundsrück*, rapportée au même point E. 31° 1/2 N., direction qui revient à N. 58° 1/2 E. Ces deux directions diffèrent de 27° 15′. On voit qu'elles sont parfaitement distinctes l'une de l'autre.

Il nous reste à examiner comment la direction moyenne du *système de Longmynd* s'accorde avec les directions partielles que nous avons combinées. Pour cela nous n'avons qu'à la transporter du *Binger-Loch*, auquel elle se rapporte, dans chacun des points d'observation. A la rigueur, pour exécuter ce calcul, il faudrait déterminer de nouveau l'*excès sphérique* relatif à chaque point, non d'après la direction observée en ce point, mais d'après la direction moyenne adoptée pour le Binger-Loch. Toutefois, comme les corrections qui résulteraient de ce nouveau calcul seraient en somme fort peu considérables, je les néglige; et en me servant des valeurs de ε déjà employées, je forme le tableau suivant :

	Direction		
	calculée.	observée.	Différence.
Church-Stretton. . . .	N. 22° 56′ 42″ E.	25° »′ »″	+ 2° 3′ 18″
Morlaix.	N. 22 37 20 E.	21 » »	— 1 37 20
Saint-James.	N. 24 18 5 E.	22 30 »	— 1 48 5
Limousin.	N. 23 21 8 E.	26 » »	+ 2 38 52
Freiberg.	N. 35 19 16 E.	33 57 30	— 1 21 46
Zlabings.	N. 37 6 53 E.	32 30 »	— 4 31 53
Milieu de la distance entre Gotheborg et Gefle.	N. 36 38 56 E.	38 » »	+ 1 21 4
Uleaborg.	N. 46 5 6 E.	42 30 »	— 3 35 6
Viborg.	N. 48 44 48 E.	50 » »	+ 1 15 12
St-Tropez.	N. 30 13 2 E.	35 45 46	+ 5 32 44
			— »° 3′ »″

La dernière colonne de ce tableau donne, toute réduction faite, une somme égale à — 3′. Il est aisé de voir, en effet, qu'en négligeant 2′ 24″ — 2′ 6″ = 18″ dans l'expression de la direction moyenne rapportée au Binger-Loch, nous avons dû rendre trop faible de 10 fois 18″ et de 180″ = 3′ la somme des expressions des huit directions calculées. L'opération est donc correcte.

Elle fait voir que pour sept des dix points que nous avons considérés, l'accord entre la direction calculée et la direction observée est très satisfaisant, les différences entre les directions observées et les directions calculées étant de moins de 3°. Pour les trois autres points, les différences entre les directions observées et calculées sont plus considérables. Pour Zlabings la différence est de plus de 4° 1/2 ; mais il est à remarquer que les contours des masses de granite et de gneiss du S.-E. de la Bohême ne sont ni rectilignes ni très bien définies. On peut en dire autant de celles du N.-O. de la Finlande, où la différence est de 3° 35′ 6″ ; ces dernières sont d'ailleurs imparfaitement connues. Quant aux directions rapportées à St-Tropez, où la différence est de 5° 32′, 44″, nous avons vu que ce n'a été qu'après une discussion qui a laissé quelque incertitude que nous avons pu les dégager des autres directions qui sont comprises dans la rose des directions des Maures et de l'Esterel. Les différences que nous venons de remarquer n'ont donc rien qui doive surprendre, et il est à remarquer que les trois différences les plus considérables, — 4° 36′ 53″, — 3° 35′ 6″, + 5° 37′ 44″, étant affectées de signes différents, tendent à se compenser; leur somme est — 2° 34′ 15″, ou — 154′ 15″; et il est aisé de voir qu'en n'ayant pas égard aux observations auxquelles elles correspondent, on aurait trouvé un résultat différent de celui auquel nous nous sommes arrêtés, de 15′ seulement, c'est-à-dire la direction moyenne N. 30° E. environ; or la suppression de l'une quelconque des autres observations aurait produit une variation à peu près du même ordre.

Il me paraît difficile de ne pas admettre, en dernière analyse, que ces dix directions appartiennent à un même système, dont la direction, rapportée au *Binger-Loch*, est représentée le plus correctement possible par une ligne dirigée au N. 30° 15′ E. Cette ligne qui fait avec le méridien du *Binger-Loch* un angle de 30° 15′ vers l'E. est la *tangente directrice* du système. Pour déterminer complétement ce système, il nous resterait à calculer, ainsi qu'il a été dit dans la première partie de cette note, l'angle équatorial E. ; mais le calcul serait encore moins exécutable pour le *système du Longmynd* que celui du *Westmoreland et du Hundsrück*, à l'égard duquel nous y avons renoncé par les motifs énoncés page 66. Nous serons donc réduits à nous en tenir, provisoirement au moins, à la *supposition* employée dans les calculs précédents, c'est-à-dire que le grand cercle qui passe par le *Binger-Loch* en faisant avec le méridien un angle de 30° 15′ vers le N.-E., est l'équateur ou le *grand cercle de comparaison du système du Longmynd*. Cette supposition est destinée sans doute à une rectification ultérieure; mais il me paraît fort probable que le véritable équateur du système du *Longmynd* n'est pas fort éloigné du grand cercle dont nous venons de parler. En effet, ce dernier laisse la Moravie et la Bretagne à des distances peu différentes l'une de l'autre; il passe entre la Suède et la Finlande, où les accidents du *système du Longmynd* jouent un rôle si proéminent, et, indépendamment des directions dont nous avons pris la moyenne, on en trouve dans les contrées qu'il traverse, qui paraissent devoir lui être rapportées comme celles des gneiss de Sainte-Marie-aux-Mines et celles de beaucoup d'accidents stratigraphiques plus modernes, mais dus à l'influence du sol sous-jacent, des couches de l'Eifel, du Hundsrück, de l'Idar-Wald, etc......

D'après ce que nous avons vu de la structure de chacune des contrées où ont été observées les directions que nous avons fait entrer dans le calcul, il est clair que toutes les dislocations auxquelles ces directions se rapportent sont dues à des phénomènes très anciens et antérieurs au dépôt du terrain silurien; et je crois qu'on peut considérer la formation du *système du Longmynd* comme ayant marqué le commencement de la *période silurienne*.

Mais ce système de dislocations n'est pas le plus ancien de ceux dont on observe les traces en Europe d'une manière distincte, et la période silurienne n'est pas la plus ancienne de celles dont on y retrouve les dépôts. Je crois qu'on peut essayer dès aujourd'hui d'esquisser quelques traits de l'histoire *anté-silurienne*. Il nous suffira, pour en trouver un très marqué, d'essayer de déterminer l'âge relatif de la partie des dislocations comprises dans la désignation générale *hora* 3-4 que nous n'avons pas employée dans les calculs qui précèdent.

Lorsqu'on ne pouvait encore indiquer la direction des dislocations des couches les plus anciennes que par la désignation générale que je viens de rappeler, et lorsque l'âge précis d'une grande partie de ces couches était encore indéterminé, on était réduit à composer de toutes les dislocations dont il s'agit un seul faisceau, dont l'analogie conduisait à penser que l'âge relatif serait le même que l'âge de celles qui en auraient un bien déterminé. Mais le progrès des observations permettant aujourd'hui de procéder à une analyse plus exacte, on peut distinguer dans cet immense faisceau *trois directions* et *trois âges*.

Nous en avons déjà extrait le *système du Westmoreland et du Hundsrück*, que nous avons mis à sa véritable place, immédiatement avant le dépôt du vieux grès rouge proprement dit : nous venons d'en séparer également le *système du Longmynd*, que nous avons placé avant le dépôt du terrain silurien; mais il nous reste encore un groupe assez nombreux de directions plus rapprochées de la ligne E.-O. que celles du *système du Westmoreland et du Hundsrück*, et en même temps plus anciennes, car elles sont antérieures au dépôt du terrain silurien. Je veux parler surtout des directions des roches schisteuses les plus anciennes de la presqu'île de Bretagne.

Je les ai mentionnées dans l'extrait de mes recherches, consigné dans la traduction française du Manuel géologique de M. de La Bèche, et dans le Traité de géognosie de M. Daubuisson (1),

____

(1) *Manuel géologique*, p. 623 — *Traité de géognosie*, t. III, p. 300.

— 79 —

comme l'un des types des dislocations *hora* 3-4 antérieures au dépôt des terrains de transition modernes de la Bretagne, qu'on sait aujourd'hui être siluriens et dévoniens. C'est frappés de leur constance et de l'évidence de leur âge relatif que nous avons cru, M. Dufrénoy et moi, devoir, dans le premier volume de l'explication de la carte géologique, indiquer l'E. 25° N. comme la direction du *système du Westmoreland et du Hundsrük*, indication qui a été reproduite par M. Beudant dans sa Géologie élémentaire, et par M. de Collegno dans ses *Elementi di geologia*.

Cette direction, qui, en raison surtout de ce qu'elle s'observe dans une contrée aussi occidentale que la Bretagne, diffère beaucoup de celle du *système du Westmoreland et du Hundsrück*, telle que nous l'avons précisée ci-dessus, est celle d'un système particulier, antérieur au terrain silurien, que je propose de nommer *système du Finistère*, en raison du rôle important et bien distinct qu'il joue dans la constitution du département de ce nom.

Je vais d'abord rappeler les observations faites dans la presqu'île de Bretagne, et dans le Bocage de la Normandie, sur lesquelles repose l'établissement de ce système. Je signalerai ensuite, dans d'autres parties de l'Europe, certaines dislocations qui me paraissent devoir s'y rapporter. Je chercherai enfin à fixer son âge relativement au *système du Longmynd*, qui est lui-même antérieur au terrain silurien.

Dans le chapitre III de l'explication de la carte géologique de la France, M. Dufrénoy partage les terrains de transition de la presqu'île de Bretagne en deux grandes divisions, dont l'inférieure est désignée sous le nom de *terrain cambrien*, et la supérieure comprend le *terrain silurien* et le *terrain dévonien*. « Les couches » du *terrain cambrien*, dit-il, généralement inclinées à l'horizon » de 70 à 80°, sont orientées de l'E. 20° N., à l'O. 20° S. Elles » ont été placées dans cette position par le soulèvement du granite » à grains fins (1). »

Cette direction se rapporte surtout à la partie centrale de la Bretagne, notamment à la route de Ploërmel à Dinan. Dans la partie occidentale les directions s'éloignent un peu plus de la ligne E.-O. Dans le Bocage de la Normandie, et dans le département de la Manche, elles s'en rapprochent, au contraire, davantage.

« Près du cap de la Hague, dit M. Dufrénoy, au contact de la » syénite, le schiste qui forme la côte d'Omonville est talqueux ;

(1) Dufrénoy, *Explication de la Carte géologique de la France*, chap. iii, t. 1er, p. 208.

» il contient de petits cristaux d'amphibole disposés dans le sens
» de la stratification. Les couches de ce schiste plongent N. 16° O.
» et se dirigent E. 16° N., presque exactement suivant la ligne de
» dislocation propre au terrain cambrien...... Dans les carrières
» d'Equeudreville, près de Cherbourg, les couches du schiste se
» dirigent à l'E. 18° N. et plongent de 75° degrés vers le N. (1).
» Aux environs de Saint-Lô, la direction générale des schistes
» est à l'E. 20° N. (2). Au pont de la Graverie, on exploite plu-
» sieurs carrières dans un schiste bleuâtre et satiné, dont la stra-
» tification est dirigée à l'E. 18° N. avec une inclinaison de 80° (3).»

Dans la pointe occidentale de la presqu'île, les roches schisteuses
anciennes sont toutes affectées de la direction E. 20 à 25° N., qui
est la même que celle dont nous venons de parler, modifiée par
l'effet de la différence de longitude. Cette direction se montre surtout d'une manière très prononcée dans les micaschistes et les
gneiss qui forment le sol de la ville de Brest et d'une grande partie
de la large pointe comprise entre la rade de Brest et l'île de Bas.
M. Puillon-Boblaye avait déjà été frappé de ce fait, que dans la
région dont je viens de parler, la stratification, quoique rapprochée
de la direction N.-E. S.-O., n'est plus la même que dans les autres
parties de la Bretagne, où il l'indique comme comprise entre le
N.-E. et le N.-N.-E. ; je trouve la trace de cette remarque, qu'il
m'avait communiquée de vive voix, dans les expressions suivantes
de son mémoire, déjà cité : ... Des côtes de la Manche à Lander-
neau, la direction des strates est *dans le sens* du N.-E. au S.-O. (4).
La direction E. 20 à 25° N. se retrouve encore dans les schistes
micacés et chloritiques qui font partie de la pointe méridionale
entre Gourin et Quimper.

Dans le Bocage de la Normandie, ainsi qu'en beaucoup de
points de la Bretagne, notamment au pied méridional de la Montagne-Noire près de Gourin, les premières assises du terrain silurien sont superposées en stratification discordante sur les tranches
des couches plus anciennes redressées par les dislocations dont nous
venons de parler. M. Lefébure de Fourcy, ingénieur au Corps royal

---

(1) Dufrénoy, *Explication de la Carte géologique de la France*,
chap. iii, t. Ier, p. 212.
(2) *Ibid.*, p. 213.
(3) *Ibid.*, p. 214.
(4) Puillon-Boblaye, *Essai sur la configuration et la constitution
géologique de la Bretagne. Mémoires du Muséum d'histoire naturelle*,
t. XV, p. 66. (1827.)

des mines, dans sa *Description géologique du département du Finis-tère*, cite aussi une superposition semblable sur le rivage méri-dional du Goulet de Brest, depuis la pointe des Espagnols jusque près de Kerjean, et sur la rive méridionale de la rivière de Lan-derneau.

La direction E. 20 à 25° N. des schistes les plus anciens se re-produit aussi quelquefois dans les couches siluriennes. M. L. Fra-polli cite de nombreux exemples de ce fait dans son excellent mémoire *Sur la disposition du terrain silurien dans le Finistère et principalement dans la rade de Brest* (1). Mais ces directions que les couches siluriennes ne conservent pas sur de grandes lon-gueurs ne sont probablement que des reproductions accidentelles de celles des couches inférieures, reproductions dont j'ai depuis longtemps cité un exemple frappant dans les couches dévoniennes et carbonifères de la Belgique où reparaît souvent la direction naturelle du terrain ardoisier (2). M. L. Frapolli dit, avec beau-coup de raison, je crois, que « ces directions anormales qu'affecte » le terrain silurien du nord du Finistère sont une des meilleures » preuves de la présence du terrain cambrien au-dessous des grès » qui forment la base du premier ; elles sont l'effet de cette pré- » sence ; elles n'existeraient pas sans cela (3). »

Les directions que je viens de citer concordent ensemble d'une manière extrêmement remarquable. Pour s'en convaincre il suffit de les rapporter toutes à un même point, par exemple à Brest, pris comme centre de réduction. En transportant toutes ces direc-tions à Brest, sans tenir compte de l'*excès sphérique* qui ne don-nerait ici que des corrections insignifiantes, nous formerons le tableau suivant :

Brest.	E.	20 à 25°		. . . .		N.
Ile d'Ouessant. . . .	E.	25 à 30	—	»° 25′ 15″		N.
Ploërmel.	E.	20	+	1	33 26	N.
Omonville.	E.	16	+	1	54 »	N.
Équeudrevile. . . .	E.	18	+	2	9 13	N.
St-Lo.	E.	20	+	2	32 44	N.
Pont de la Graverie.	E.	18	+	2	32 44	N.

En faisant la somme on trouve 137° à 147° + 10° 16′ 52″, qui

(1) *Bulletin de la Société géologique de France*, 2e série, t. II, p. 517.

(2) *Recherches sur quelques unes des révolutions de la surface du globe. Manuel géologique*, p. 632. *Traité de géognosie*, t. III, p. 314.

(3) L. Frapolli, *Bulletin*, ... p. 561.

se réduisent en moyenne à 152° 16′ 52″. En divisant par 7 nombre des points d'observation on a pour la direction moyenne du *système du Finistère* rapportée à Brest, E. 21° 45′ 16″ N.

Dans l'Introduction de l'explication de la carte géologique de la France, t. I, p. 60, nous avions indiqué, M. Dufrénoy et moi, la direction E. 25° N., qui s'éloigne un peu plus de la ligne E.-O., mais nous comprenions dans le groupe de directions, dont nous cherchions à donner la moyenne, celle des schistes des environs de Saint-Malo et de Cancale qui me paraissent maintenant se rapporter à un autre système.

Cette direction cadre avec les observations d'une manière qui devra paraître satisfaisante, si l'on remarque surtout combien de bouleversements ont affecté le sol de la Bretagne, après celui dont le *système du Finistère* est la trace. Pour s'assurer de cet accord il suffit de reporter la direction obtenue à chacun des points d'observation, et de la comparer à la direction observée. On forme ainsi le tableau suivant :

	Direction		
	calculée.	observée.	Différence.
Ile d'Ouessant. . . .	E. 22° 10′ 31″ N.	27° 30′	+ 5° 19′ 29″
Brest.	E. 21 45 16 N.	22 30	+ 0 44 44
Ploërmel.	E. 20 11 50 N.	20 »	— 0 11 50
Omonville.	E. 19 51 16 N.	16 »	— 3 51 16
Équeudreville. . . .	E. 19 36 3 N.	18 »	— 1 36 3
St-Lo.	E. 19 12 32 N.	20 »	+ 0 47 28
Pont de la Graverie.	E. 19 12 32 N.	18 »	— 1 12 32
			0° 0′ 0″

Les seules divergences un peu notables sont celles de l'île d'Ouessant et d'Omonville ; or, il est à remarquer que l'une et l'autre ont été observées dans le voisinage de grandes masses éruptives, d'une part les granites qui forment la plus grande partie de l'île d'Ouessant, de l'autre la syénite du cap de la Hague ; or, on sait que ce n'est pas dans le voisinage de pareilles masses qu'on rencontre le plus ordinairement des directions parfaitement régulières.

On peut donc regarder la direction E. 21° 45′ 16″ N., ou en négligeant les secondes, E. 21° 45′ N. comme représentant à Brest le *système du Finistère* ; ce serait celle de la *tangente directrice* du système menée par Brest.

Le système du Finistère ne se montre pas uniquement en Bretagne et en Normandie. Un examen attentif des cartes géologiques d'une grande partie de l'Europe, permet d'y en découvrir des traces qui, à la vérité, sont peu suivies à cause des nombreuses dislocations subséquentes qui les ont en partie effacées.

Je citerai particulièrement la Suède et le midi de la Finlande.

La direction E. 21° 45′ N., qui représente à Brest le *système du Finistère*, étant prolongée suffisamment, passerait un peu au midi de la Suède et de la Finlande. On trouve dans le tableau de la page 18, que la différence des angles alternes internes formés par la plus courte distance de Brest à Stockholm avec les méridiens de ces deux villes est de 18° 21′ 32″; entre Brest et Viborg, la même différence est de 27° 29′ 40″ ; pour Brest et Gotheborg la différence est de 13° 1′ 40″. De là il résulte qu'en tenant compte de l'excès sphérique calculé comme si le grand cercle qui passe à Brest, en se dirigeant à l'E 21° 45′ N., était le *grand cercle de comparaison* du système, la direction du *système du Finistère* transportée à Gotheborg est E. 9° 23′ N., et à Stockholm E. 4° 21′ N. La même direction transportée à Viborg est E. 4° 9′ S. Dans le milieu de la Suède, près des lacs Wenern, Wettern, Hjelmaren, cette direction serait environ E. 7° N. Près de la côte méridionale de la Finlande, entre Abo et Friedriksvern, vers le milieu de la distance entre Stockholm et Viborg, elle s'éloignerait peu de la ligne E.-O.

Or, si l'on examine avec attention la belle carte géologique de la Suède, publiée par M. Hisinger, on verra que dans la partie centrale de ce pays, entre Gotheborg et Upsal, il existe en effet dans les masses de roches anciennes sur lesquelles le terrain silurien est déposé en stratification discordante, un grand nombre de dislocations et de lignes stratigraphiques dirigées à l'E. quelques degrés nord.

Tout annonce que le midi de la Finlande avait été fortement disloqué avant le dépôt du terrain silurien qui forme la côte méridionale du golfe de Finlande, et qui n'a éprouvé depuis son dépôt que de faibles dérangements dont nous nous sommes déjà occupés. Les roches anciennes du midi de la Finlande présentent différentes lignes statigraphiques dirigées à peu près N.-E. S.-O., que nous avons rapportées au *système de Longmynd*; mais leur direction diffère essentiellement de celle de la côte dont elles ne déterminent que les découpures. Celle-ci doit se rapporter à une autre série d'accidents stratigraphiques qui ne peuvent être que fort anciens, car tout annonce que les roches cristallines de la Finlande étaient émergées dès le commencement de la période silurienne et qu'elles ont formé la côte septentrionale de la mer dans laquelle s'est déposé le terrain silurien de l'Estonie. Enfin on peut remarquer que la partie méridionale de la Finlande renferme une zone dirigée à peu près de l'E. à l'O. dans laquelle sont disséminées un grand nombre de localités célèbres par la présence de différents minéraux cristallisés d'origine éruptive et que cette bande paraît être le prolongement de celle qui traverse la Suède suivant la direction que je viens de signaler ; or, ni en Suède, ni dans les parties de la Russie contiguës à la Finlande, ces gîtes de minéraux ne se prolongent dans le terrain silurien. Tout annonce donc qu'ils ont été produits avant le dépôt de ce terrain et que les accidents que présente la zône dont nous parlons appartiennent, par leur âge et par leur direction, au *système du Finistère*.

Il sera peut-être également possible de reconnaître le *système du Finistère* dans le sol fondamental des Pyrénées et de la Catalogne. La direction du *système du Finistère* transportée dans un point de la partie méridionale du département de l'Arriége, situé par 42° 40′ de lat. N. et par 1° de long. O. de Paris, en calculant l'*excès sphérique* comme si Brest se trouvait sur le grand *cercle de comparaison* du système, se réduit à E. 17° 26′ 37″ E. La direction du *système du Westmoreland et du Hundsrück*, qui est au *Binger-Loch* E. 31° 1/2 N., étant transportée de même au même point des Pyrénées, devient, en ayant égard à la légère correction additive que donne la considération de l'*excès sphérique*, E. 36° 27′ N. Or, ni l'une ni l'autre de ces deux directions ne paraît coïncider avec la direction *moyenne* des roches schisteuses anciennes des Pyrénées. M. Durocher, dans son intéressant *Essai sur la classification du terrain de transition des Pyrénées* (1), indique d'une manière générale la direction E.-N.-E. comme propre aux roches stratifiées les plus anciennes des Pyrénées ; mais dans les nombreuses mesures de direction qu'il a soin de rapporter, on voit que les directions des roches dont il s'agit oscillent dans l'intervalle compris entre l'E. et l'E. 40° N., et que très souvent elles se rapprochent soit de l'E. 30 à 35° N., soit de l'E. 15 à 20° N., c'est-à-dire de deux directions peu éloignées, l'une de celle du *système du Westmoreland et du Hundsrück*, l'autre de celle du *système du Finistère*. M. Durocher compare ces directions à celles des roches schisteuses anciennes de la Bretagne, et il me paraîtrait fort possible que dans les Pyrénées comme en Bretagne les directions dont nous parlons dussent être divisées en deux groupes appartenant aux deux systèmes dont je viens de parler. C'est, au reste, une question que je me permettrai de signaler à l'attention de M. Durocher

---

(1) *Annales des mines*, 4ᵉ série, t. VI, p. 15.

qui a exploré les deux contrées avec tant de soin et de persévérance.

La direction du *système du Finistère*, transportée dans les montagnes des Maures et en Corse, en tenant compte de l'excès sphérique calculé comme si le grand cercle qui passe à Brest, en se dirigeant à l'E. 21° 45′ N., était le grand *cercle de comparaison du système*, devient, pour Hyères, E. 13° 46′ N., et pour Ajaccio, E. 11° 42′ N. Elle s'éloigne beaucoup des directions qu'on y observe le plus habituellement dans les roches stratifiées anciennes. Si ces roches présentent quelques orientations qui se rapportent réellement au *système du Finistère*, elles doivent y être peu nombreuses. Peut-être serait-on plus heureux en recherchant cette même direction, soit dans les roches schisteuses anciennes des côtes de l'Algérie, soit au centre de l'Espagne dans celles des montagnes de Guadarrama.

La même direction, transportée dans l'Ardenne, à Monthermé, en observant que pour ce point la correction due à l'*excès sphérique* serait complétement insignifiante, devient E. 14° 48′ N. Elle s'écarte de 10° 12′ de la direction moyenne E. 25° N. des couches ardoisières de cette contrée, tandis que celle-ci ne s'éloigne que de 8° 53′ 6″ de la direction du *système du Westmoreland et du Hundsrück;* ce qui prouve que l'anomalie signalée ci-dessus, dans la direction des couches ardoisières des bords de la Meuse, ne se rattache pas, comme on aurait pu le croire au premier abord, au *système du Finistère*.

La direction du *système du Finistère*, transportée au *Binger-Loch*, devient E. 11° 35′ N. Elle diffère par conséquent de 20° environ de celle du *système du Westmoreland et du Hundsrück*, qui est pour le *Binger-Loch* E. 31° 1/2 N., et de plus de 47° de celle du *système du Longmynd*, qui, rapportée au même point, est N. 31° 15′ E. ou E. 58° 45′ E.

La comparaison de ces trois directions rapportées à un seul et même point montre que les trois systèmes dont nous parlons sont parfaitement distincts l'un de l'autre sous le rapport de leur direction; mais nous ne les avons pas encore rendus complétement distincts sous le rapport de leur âge relatif. Nous avons vu que le *système du Longmynd* et le *système du Finistère* sont antérieurs l'un et l'autre au terrain silurien auquel le *système du Westmoreland et du Hundsrück* est au contraire postérieur. Il reste à déterminer quel rapport d'âge les deux premiers ont entre eux.

Quant à présent, je ne connais pas encore de terrain sédimentaire dont je pusse affirmer qu'il a été déposé sur les tranches des couches redressées de l'un des systèmes, et que ses propres couches ont été redressées par l'autre. Je ne puis donc déterminer le rapport d'âge des deux systèmes par le moyen ordinaire et le plus direct, mais je crois qu'on peut y parvenir par l'application des remarques suivantes, que M. de Humboldt a consignées dans le premier volume du *Cosmos*.

« La ligne de faîte des couches relevées n'est pas toujours paral-
» lèle à l'axe de la chaîne de montagnes ; elle coupe aussi quelque-
» fois cet axe, et il en résulte, à mon avis, que le phénomène du
» redressement des couches, dont on peut suivre assez loin la
» trace dans les plaines voisines, est alors plus ancien que le sou-
» lèvement de la chaîne (1). » M. de Humboldt a souvent appelé l'attention sur ce point aussi important que délicat de la théorie des soulèvements. *Asie centrale*, t. 1, p. 277-283. *Essai sur le gisement des roches*, 1822, p. 27. *Relat. hist.*, t. III, p. 244-250.

Or, il me paraît qu'en certains points de la Bretagne, dont j'ai déjà parlé, des couches redressées suivant le *système du Finistère*, ont été soulevées de manière à constituer une arête appartenant par sa direction au *système de Longmynd*, et antérieure comme ce système au terrain silurien. Je le conclus des observations suivantes que M. Dufrénoy a consignées dans le premier volume de l'explication de la carte géologique de la France, et dont j'ai déjà rappelé une partie précédemment.

« L'extrémité O. du bassin de Rennes appartient encore au ter-
» rain cambrien. Nous sommes, il est vrai, peu certains de la
» limite qui sépare, dans ce bassin, les deux étages des terrains
» de transition ; mais cependant nous la croyons peu éloignée
» d'une ligne qui se dirigerait du N. 15 à 20° E. au S. 15 à 20° O.,
» et qui suivrait à peu près la route de Ploërmel à Dinan. En effet,
» les terrains situés à gauche et à droite de cette ligne présentent
» des caractères essentiellement différents : cette circonstance serait
» impossible si elle ne résultait pas de leur différence de nature,
» attendu que, la stratification étant généralement de l'E. à l'O., on
» devrait retrouver, sur la route de Ploërmel à Dinan, les mêmes
» couches traversées par celle de Nantes à Rennes ; mais il n'en
» est point ainsi : en effet, les couches de grès, si fréquentes et si
» caractéristiques dans le terrain silurien, qui forme tout le pays
» à l'E. de la ligne que je viens d'indiquer, ne se retrouvent pas,
» au contraire, dans la partie O. de ce bassin, que nous avons
» coloriée comme appartenant au terrain cambrien. Les schistes

---

(1) A. de Humboldt, *Cosmos*, t. Ier, traduction française, p. 352.

» eux-mêmes, entre Corlay et Josselin, c'est-à-dire dans toute
» l'épaisseur de cette partie inférieure, possèdent des caractères
» très différents de ceux des environs de Rennes ; ils sont, en effet,
» bleuâtres et satinés, tandis que les schistes entre Rennes et
» Nantes sont de véritables grauwackes schisteuses. Enfin la direc-
» tion des couches confirme cette distinction. A l'O. de la limite
» que nous avons assignée pour les deux terrains de transition, les
» couches se dirigent constamment de l'E. 20° N. à l'O. 20° S.,
» tandis que les schistes qui sont à droite de cette ligne sont
» orientés de l'E. 10 à 15° S., à l'O. 10 à 15° N. Ces deux directions
» sont précisément celles qui caractérisèrent les terrains cambrien
» et silurien (1). »

Ces schistes satinés dirigés à l'E. 20° N. appartiennent, par le
redressement de leurs couches, au *système du Finistère*, et ils
ont été soulevés pour former une protubérance ou une crête dirigée vers le N. 20° E., qui a constitué la limite occidentale du bassin silurien de Rennes. Cette crête appartient par sa direction au
système de Longmynd. On voit donc que le *système de Longmynd*
est POSTÉRIEUR au *système du Finistère*.

On arrive à la même conclusion en observant comment les dislocations dépendantes du *système de Longmynd*, qui se trouvent aux
environs de Morlaix, accidentent les couches de roches schisteuses
redressées suivant le *système du Finistère*.

Les trois systèmes dont nous venons de parler, tous les trois fort
anciens et tous les trois dirigés de manière à être compris dans la
désignation générale *hora* 3 4 ou à ne s'en écarter que fort peu,
ces trois systèmes se croisent au centre de la Bretagne dans un espace assez peu étendu, entre Saint-Malo et Ploërmel. Ce ne sont
pas cependant les seuls systèmes très anciens qui s'observent en
Bretagne. Dans ces dernières années, M. Rivière en a signalé un
autre, mais celui-ci se distingue complétement des trois premiers
par sa direction qui s'éloigne peu du N.-O., au lieu de se rapprocher du N.-E.

D'après M. Rivière, ce système est parallèle aux côtes S.-O. de
la Vendée et de la Bretagne. Déjà M. Boblaye, dans son excellent
travail sur la Bretagne, était arrivé lui-même, relativement aux
côtes S.-O. de cette presqu'île, à des conclusions que je ne pourrais
traduire aujourd'hui plus exactement qu'en admettant un système
parallèle à la direction générale de ces côtes, et en le supposant

---

(1) Dufrénoy, *Explication de la Carte géologique de la France*,
chap. III, t. Ier, p. 210 et 211.

fort ancien. Il signale comme un des traits les plus marqués de la structure géologique de la Bretagne que ses côtes S.-O. sont bordées par un plateau plus élevé que l'intérieur de la contrée, à travers lequel les rivières s'écoulent dans des vallées profondément encaissées. « La côte méridionale, dit M. Boblaye (1), est décou- » pée par des sinuosités profondes et multipliées ; cependant une » ligne tirée de Saint-Nazaire à Pont-l'Abbé, ou de l'E.-S.-E à » l'O.-N.-O., représente assez bien sa direction générale. » Le pla- teau méridional, ajoute plus loin M. Boblaye (2), s'étend de l'E.-S.-E à l'O.-N.-O., sur une longueur de plus de 60 lieues, de Nantes à Quimper. Cette même direction de l'O.-N.-O à l'E.-S.-E. est, d'après M. Boblaye, celle des roches cristallines an- ciennes dont le plateau est formé. Il la mentionne (3) comme existant uniformément dans les gneiss et les protogines. Il parle ail- leurs (4) des granites et protogines stratifiés de l'O.-N.-O. à l'E.-S.-E. Il cite en particulier (5) le gneiss de Quimperlé dirigé à l'E.-S.-E., et il indique (6) dans le granite de Carnac de petites couches de micaschiste dirigées de même à l'E.-S.-E.

Il est à remarquer que M. Boblaye reproduit pour toutes ces localités la même orientation exprimée seulement d'une manière générale O.-N.-O. —E.-S.-E., ce qui indique qu'il a fait abstrac- tion des variations locales, et qu'il n'a peut-être pas entendu fixer cette orientation avec une précision rigoureuse. Je crois que, dégagée de tous les accidents qui appartiennent au *système des ballons*, cette direction s'éloigne de la ligne E.-O. plus que ne l'a pensé M. Boblaye, et que M. Rivière est plus près de la vérité en disant que dans la région dont il s'agit, la stratification se dirige du N.-O. un peu O. au S.-E. un peu E. (7). Il me paraît résulter, en effet, de l'étude que j'ai faite moi-même de ces contrées, en 1833, et de l'exa- men de la carte géologique de la France, que la direction du système qui nous occupe peut être représentée par une ligne tirée de l'île de Noirmoutier à l'île d'Ouessant, de l'E. 38° 15' S. à l'O. 38° 15' N. Cette ligne, qui est jalonnée par les masses isolées des îles d'Hœdic,

---

(1) Puillon-Boblaye, *Essai sur la configuration et la constitution géologique de la Bretagne. Mémoires du Muséum d'histoire naturelle,* t. XV, p. 54. (1827.)
(2) *Ibid.*, p. 65.
(3) *Ibid*, p. 75.
(4) *Ibid.*, p. 71.
(5) *Ibid.*, p. 70.
(6) *Ibid.*, p. 69.
(7) A. Rivière, *Études géologiques et minéralogiques*, p. 261.

d'Houat, et de la presqu'île de Quiberon , se prolonge suivant la ligne des îles terminales du Finistère, de Beninguet à Ouessant. Le système qu'elle représente converge, à Ouessant, avec le système dirigé E. 20 à 25° N., dont nous nous sommes occupés en dernier lieu ; et considéré dans cette région seulement, il mériterait presqu'à aussi juste titre que lui le nom de système du Finistère. Mais comme il domine surtout sur les côtes du Morbihan et qu'il se prolonge dans les départements de la Loire-Inférieure et de la Vendée et jusque dans celui de la Corrèze , il est plus naturel de lui donner un nom tiré d'une contrée moins voisine de sa terminaison apparente, et je propose, avec l'assentiment de M. Rivière, de le nommer *système du Morbihan.*

La direction E. 38° 15′ S. — O. 38° 15′ N., que j'ai indiquée ci-dessus, peut être censée rapportée à Vannes, ville située à peu de distance de quelques uns des points où cette direction se dessine le mieux , et qui serait un *centre de réduction* très favorablement situé pour toutes les observations de direction faites dans les diverses parties de la France occidentale où le système se montre avec le plus d'évidence.

Il est probable, du reste, que ce système est fort étendu ; sa direction semble se retrouver dans les roches schisteuses du département de la Corrèze, de la Dordogne et de la Charente, par exemple aux environs de Julliac, dans les schistes sur lesquels reposent en stratification discordante les petits lambeaux de terrain houiller de Chabrignet, de Montchirel, de la Roche et des Bichers. La direction moyenne de ces roches paraît en effet comprise entre le S.-E. et l'E. 40° S. Or il est aisé de calculer que la direction E. 38° 15′ S. , transportée de Vannes à Uzerche (Corrèze), eu égard aux différences de latitude et de longitude des deux points, deviendraient E. 41° 22′ S.

D'après quelques observations que j'ai faites à la hâte en 1834, la moyenne des directions les plus fréquentes dans les gneiss et les micaschistes des environs de Messine, en Sicile, est E. 53° 45′ S. La direction E. 38° 15′ S., transportée de Vannes à Messine, en ayant égard aux différences de latitude et de longitude des deux villes, devient à peu près E. 50° 55′ S.; la différence n'est que de 2° 50′. On pourrait donc conjecturer que la direction des roches cristallines évidemment fort anciennes des environs de Messine, appartient au *système du Morbihan.*

Peut-être cette direction existe-t-elle aussi dans quelques parties du Böhmer wald gebirge (sur les frontières de la Bavière et de la Bohème) et de l'Erzgebirge. M. Cotta, dans un travail que j'ai déjà cité précédemment (1), indique dans ces contrées cinq directions presque parallèles entre elles qui me semblent devoir être distinguées de celles qui se rapportent au système du Thuringerwald. Ces directions courent sur 11, 10 3/8, 11, 10 3/8, 10 7/8, heures de la boussole, c'est-à-dire en moyenne vers le N. 19° 7' O. magnétique, ou vers le N. 35° 47' O. astronomique. Or la direction O. 38° 15' N. transportée de Vannes à Freiberg, eu égard aux différences de latitude et de longitude de ces deux points, devient O. 50° 28' N. ou N. 39° 32' O.; elle diffère d'environ 10° 1/2 de la direction O. 40° N. du Thüringerwald, mais elle ne s'écarte que de 3° 45' de la moyenne des directions indiquées par M. Cotta. En tenant compte de l'excès sphérique, la différence pourrait aller en nombres ronds à 4° environ; elle ne serait pas beaucoup au-dessus des erreurs possibles d'observation. Les accidents stratigraphiques auxquels se rapportent les directions dont nous venons de prendre la moyenne affectent les schistes anciens de l'Erzgebirge; mais on n'en observe pas la prolongation dans le terrain silurien des environs de Prague : tout annonce donc qu'ils ont été produits immédiatement avant le dépôt du terrain silurien.

Il me paraît fort probable que les indices de stratification signalés dans les roches cristallines de l'Ukraine se rapportent aussi au *système du Morbihan*. Le sol d'une partie des plaines de l'Ukraine est formé par une masse de roches cristallines, connue sous le nom de *steppe granitique* qui s'étend de l'O.-N.-O. à l'E.-S.-E. de la Volhynie, par la Podolie aux cataractes du Dniéper et qui, traversant ce fleuve, va se perdre près des bords du Kalmiuss sous les dépôts carbonifères du Donetz. La direction des plis nombreux que présentent ces dépôts est en moyenne peu différente de celle de l'axe longitudinal de la steppe granitique, et M. Murchison les attribue avec beaucoup de vraisemblance à un soulèvement de cette masse cristalline; mais les roches cristallines présentent des indices de stratification dont la direction est toute différente de celle de l'axe longitudinal de la masse, et qui, ne se continuant pas dans les couches carbonifères, doivent avoir été produites avant leur dépôt. Diverses variétés de pegmatites sont les roches dominantes vers l'extrémité E.-S.-E. de la masse cristalline, près des bords du Kalmiuss (2) : plus près du Dniéper, sur les bords de

---

(1) B. Cotta, *Die Erzgänge und ihre Beziehungen zu den Eruptivengesteinen.*

(2) Le Play, *Voyage dans la Russie méridionale*, par M. Anatole de Demidoff, t. IV, p. 61.

la Voltchia , au S. de Paulograd , et entre cette ville et Alexan-
drovsk , M. Murchison a observé diverses variétés de gneiss quartzeux et feldspathique passant à un quartz compacte gris qui alterne
avec des lames très minces de talc verdâtre rarement micacé ,
un micaschiste grenatifère alternant avec des couches très minces
d'un gneiss granitoïde, etc. Ces roches sont souvent en couches
verticales, mais leur plongement habituel est du côté de l'E.
sous un angle considérable. Leur direction, d'après M. Murchison, est presque parallèle au cours de la Voltchia, qu'il indique
dans son texte comme dirigé au N. 15° O. ; mais qui, d'après sa
belle carte géologique de la Russie, se dirige au N. 28° O. Il dit
formellement que la direction dominante de ces roches est du
N.-N.-O. au S -S.-E. (1), c'est-à-dire du N. 22° 30′ O. au S.
22° 30′ E. Or, la direction du *système du Morbihan*, transportée
de Vannes (lat. 47° 39′ 26″, long. 5° 5′ 19″ O.) à Vassilielka ,
dans la vallée de la Voltchia (lat. 48° 11′ 40″, long. 33° 47′ 6″ E.
de Paris), en tenant compte de l'*excès sphérique* calculé comme
si le grand cercle qui passe à Vannes en se dirigeant à l'E. 38°15′S.,
était le *grand cercle de comparaison* du système, cette direction
devient S. 25° 46′ E., elle ne diffère que de 3° 16′ de celle indiquée par M. Murchison. La différence est encore moindre que
celle que nous venons de trouver pour la Saxe; seulement elle est
en sens inverse.

D'après ces rapprochements que le temps et l'espace ne me permettent pas de pousser plus loin en ce moment et de formuler
aussi complétement que j'ai essayé de le faire pour le *système du
Westmoreland et du Hundsrück* et pour le *système du Longmynd*,
je suis porté à présumer que le *système du Morbihan* n'a pas été
moins largement dessiné en Europe que les trois autres systèmes
dont je me suis occupé précédemment.

L'existence de ce système me paraît indiquée aussi avec assez de
probabilité au-delà de l'Océan atlantique, dans des régions qui,
à la vérité, ne nous sont que très imparfaitement connues, dans
le Labrador et dans le Canada. Il est aisé de calculer en effet que
le grand cercle qui passe à Vannes en se dirigeant à l'O. 38° 15′ N.,
coupe le 65ᵉ méridien à l'O. de Paris, par 57° 23′ 15″ de lat. N.,
en se dirigeant de l'E. 11° 3′ 42″ N. à l'O. 11° 3′ 42″ S., et le
90ᵉ méridien à l'E. de Paris, par 51° 37′ 54″ de lat. N., en se
dirigeant de l'E. 31° 33′ 1″ N. à l'O. 31° 33′ 1″ S. Si on trace

---

(1) Murchison, de Verneuil et Keyserling, *Russia in Europe and
the Ural mountains*, t. I, p 90.

approximativement cet arc de grand cercle sur une carte de l'Amérique septentrionale, on reconnaît aisément qu'il coupe la côte N.-E. du Labrador près du port Manvers, un peu au N. de Nain, traverse le Labrador près du lac Seal, coupe la pointe méridionale de la baie d'Hudson, passe au N. de la rivière d'Albany dont il suit la direction, passe un peu au S. du lac Saint-Joseph, et coupe ensuite le lac des Bois. Dans cette dernière partie de son cours il passe à 60 lieues environ au N.-O. de la côte N.-O. du lac supérieur qui lui est parallèle dans son ensemble. L'axe longitudinal de l'Ile-Royale, située dans ce vaste lac, lui est également parallèle, et en général les accidents des côtes de la partie occidentale de ce lac, formées de roches primitives en masses élevées et escarpées, présentent dans leur configuration générale plusieurs lignes dirigées à peu près de l'E. 31° 1/2 N. à l'O. 31° 1/2 S., de sorte qu'elles se coordonnent à la direction du *système du Morbihan*, à peu près de la même manière que les côtes S.-O. de la presqu'île de Bretagne. On peut remarquer en outre que la ligne générale qui forme la limite entre les parties du Canada et du Labrador, composées de roches primitives, et les contrées qui plus au Sud sont formées de couches siluriennes presque horizontales, est parallèle dans son ensemble et dans beaucoup de ses parties à l'arc de grand cercle dont nous venons de parler.

Le *système du Morbihan* est certainement fort ancien, et M. Boblaye, sans s'occuper précisément de son âge relatif, a eu bien évidemment le sentiment de l'ancienneté des accidents stratigraphiques qui s'y rapportent ; on peut le conclure des passages suivants de son mémoire sur la Bretagne que j'ai déjà mentionnés dans mes recherches sur quelques unes des révolutions de la surface du globe (*Annales des mines naturelles*, t. XVIII, p. 312).

« Les roches du second groupe, dit M. Boblaye (1), se mon» trent partout en gisement concordant avec les terrains qui
» les supportent ; elles occupent une grande partie du centre du
» bassin de l'intérieur (de la Bretagne) ; elles forment presque
» partout une bande plus ou moins développée entre les terrains
» granitiques anciens et les terrains de transition.

» Dans les Côtes-du-Nord et le Finistère, elles appartiennent
» donc au système de stratification dirigé entre le N.-E. et le
» N.-N.-E., et dans une partie du Morbihan et de la Loire-Infé-
» rieure, au système dirigé à l'E.-S.-E.

» Nous croyons donc que la Bretagne montre, dans des terrains

---

(1) Puillon-Boblaye, *loc. cit.*, p. 66.

» très rapprochés d'âge et de position, la réunion de deux systèmes
» de stratification à peu près perpendiculaires entre eux, dont l'un,
» dirigé E.-S.-E., se retrouve dans une partie des montagnes de
» l'intérieur de la France et dans les Pyrénées, et l'autre, signalé
» depuis longtemps par M. de Humboldt, dirigé entre le N.-N.-E.
» et le N.-E., appartient aux terrains de même nature dans les
» montagnes du nord de l'Europe (Angleterre, Écosse, Vosges,
» Forêt-Noire, Harz et Norvége).

» J'ajouterai à ce fait remarquable, continue M. Boblaye, que
» la vallée de l'intérieur (de la Bretagne) forme la séparation des
» deux systèmes.... Je puis avancer, ajoute-t-il encore, comme
» fait général, que la stratification du terrain de transition tend
» partout à adopter la direction de l'E. à l'O., quels que soient
» d'ailleurs l'âge et la direction des strates qui le composent.

» Il en résulte, dans la partie méridionale de la Bretagne, une
» concordance apparente, mais dans la partie septentrionale et
» surtout dans le Cotentin, une discordance absolue.

» Si à ce fait nous ajoutons que, dans le Cotentin et la partie
» limitrophe de la Bretagne, les axes des plateaux et les longues
» vallées qui les séparent ne sont pas dirigés vers le N.-E. comme
» la stratification des roches anciennes qui les composent, mais
» constamment de l'E. à l'O., il résulte, à ce qu'il me semble,
» du rapprochement de ces faits, que les axes du plateau ancien
» ont subi des modifications postérieures à sa consolidation, et que
» ce sont ces axes modifiés qui ont déterminé la direction de la
» stratification dans le terrain de transition. »

Il me paraît difficile de ne pas conclure de ce passage que
M. Boblaye regardait les accidents stratigraphiques dirigés, suivant lui, à l'E.-S.-E. du plateau méridional de la Bretagne, de
même que les accidents stratigraphiques dirigés entre le N.-N.-E.
et le N.-E. du plateau septentrional, comme produits à une époque antérieure au dépôt du terrain de transition, c'est-à-dire du
terrain silurien.

Les observations de M. Dufrénoy, celles de M. Rivière et les
miennes conduisent à la même conclusion. Si on promène un
œil attentif sur la partie de la carte géologique de la France
qui représente la presqu'île de Bretagne, on voit que les lignes
assez nombreuses par lesquelles s'y dessine le *système du Morbihan* s'interrompent constamment dans les espaces occupés par
le terrain silurien. Je citerai pour exemple la ligne tirée de l'île de
Guernesey à Sillé-le-Guillaume (département de la Sarthe). Cette
ligne, jalonnée par diverses masses granitiques, est en même

temps dessinée par plusieurs massifs de schistes anciens et de gneiss, qui s'allongent suivant sa direction; mais elle n'est représentée par aucun accident remarquable dans les bandes de terrain silurien qu'elle traverse.

Les bandes siluriennes et dévoniennes sont constamment orientées suivant la direction du *système des Ballons*, qui est postérieur aux terrains silurien et dévonien, et peut-être même au calcaire carbonifère. Cette direction, dans la presqu'île de Bretagne, n'est nulle part aussi bien dessinée que dans les districts occupés par ces terrains. En cela elle contraste d'une manière frappante avec la direction du *système du Morbihan*, qui s'évanouit, au contraire, généralement, lorsqu'elle arrive aux districts siluriens et dévoniens. Cette loi présente cependant une exception; car on voit les lignes suivant lesquelles sont dirigés les plis des terrains anthraxifères des bords de la Loire et des environs de Sablé, s'infléchir vers le S., à l'E. d'une ligne tirée de Beaupréau à Ségré, et prendre à peu près la direction du *système du Morbihan*. Le même fait se reproduit plus au N., entre Domfront et Seez; mais ces faits particuliers me paraissent devoir être expliqués en admettant que, dans ces parties peu étendues, la direction du *système du Morbihan* s'est reproduite accidentellement à l'époque de la formation du *système des Ballons*, phénomène dont j'ai déjà mentionné plusieurs exemples. L'exception dont il s'agit ne me semble donc pas infirmer la règle générale de laquelle je conclus que le *système du Morbihan* est aussi évidemment *antérieur aux couches siluriennes de la Bretagne* que le *système des Ballons* leur est *postérieur*.

Le *système du Morbihan* se trouve par conséquent, relativement au terrain silurien, dans le même cas que le *système du Longmynd* et le *système du Finistère*. Mais quel est l'âge relatif du *système du Morbihan* comparé aux deux derniers?

Je ne puis, pour le moment, appliquer à la solution de cette question que des moyens analogues à ceux par lesquels j'ai essayé de faire voir que le *système du Finistère* est plus ancien que le *système du Longmynd*; leur application me conduit à conclure que le *système du Morbihan* est postérieur aux deux autres.

Ainsi que je l'ai déjà remarqué, l'une des lignes les mieux dessinées de ce système est celle qui s'étend de l'île de Noirmoutier à l'île d'Ouessant. Cette ligne suit de l'île de Beninguet à l'île d'Ouessant la chaîne des îles terminales du Finistère, où la direction de la chaîne n'est pas parallèle à la stratification des roches qui la composent; elle coupe la direction de la stratification sous un angle d'environ 60°, ainsi qu'on peut le constater en considérant la direction de la bande schisteuse qui traverse l'île d'Ouessant de l'O.-S.-O. à l'E.-N.-E. En appliquant ici la remarque importante de M. de Humboldt, déjà rappelée ci-dessus, p. 86, on conclura que le *système du Morbihan* est postérieur, comme le *système du Longmynd*, au *système du Finistère*, auquel appartient la direction de la bande schisteuse de l'île d'Ouessant.

On peut remarquer, en outre, sur la belle carte géologique du Finistère publiée par M. Eugène de Fourcy, ingénieur des mines, que les roches granitiques du plateau méridional de la Bretagne enveloppent, notamment près de l'embouchure de la rivière de Quimperlé, des lambeaux de roches schisteuses qui, malgré leur état actuel de dislocation, conservent la direction du *système du Finistère*, ce qui conduit naturellement à supposer qu'ils avaient été plissés par le ridement du *système du Finistère* avant d'être disloqués par le soulèvement des granites du *système du Morbihan*.

Des considérations du même genre conduisent d'ailleurs à reconnaître que le *système du Morbihan* est postérieur au *système du Longmynd*, et cette seconde conclusion comprend implicitement la première, puisque nous avons déjà reconnu que le *système du Longmynd* est postérieur au *système du Finistère*.

La ligne tirée de Guernesey à Sillé-le-Guillaume, qui est, ainsi que nous l'avons déjà remarqué, l'une de celles où se dessine le *système du Morbihan*, traverse la partie de la Normandie que M. Boblaye signale spécialement comme le domaine de la direction N.-N.-E., propre au *système du Longmynd*. Elle s'y dessine par divers accidents stratigraphiques et orographiques, mais elle laisse généralement subsister la stratification N.-N.-E. Elle y joue, par conséquent, relativement au *système du Longmynd*, le rôle que la direction du Longmynd joue par rapport au *système du Finistère*, comme je l'ai rappelé ci-dessus, p. 86, le long de la route de Ploërmel à Dinan. Ainsi les mêmes motifs qui nous font conclure que le *système du Finistère* est antérieur au *système du Longmynd*, doivent nous faire conclure également que le *système du Longmynd* est antérieur au *système du Morbihan*.

Cette même ligne, parallèle à la route de Ploërmel à Dinan, qui élève, sans déranger leur stratification, les schistes plissés suivant le *système du Finistère*, se conduit tout autrement par rapport au *système du Morbihan*. Son prolongement méridional traverse le plateau méridional de la Bretagne, qui appartient au *système du Morbihan* ; mais bien loin d'interrompre ce plateau, comme elle interrompt les plateaux schisteux de Ploërmel, elle s'évanouit à son approche, et elle cesse de se dessiner par aucun accident stratigraphique ou orographique remarquable. Ainsi le même raisonnement qui montre que le *système du Longmynd*, auquel appartient cette ligne si remarquable, est POSTÉRIEUR au *système du Finistère*, montre aussi qu'il est ANTÉRIEUR au *système du Morbihan*.

Il me paraît donc établi que les quatre ridements de l'écorce terrestre, dont nous nous sommes occupés dans cette note, se sont succédé dans l'ordre suivant :

> *Système du Finistère*,
> *Système du Longmynd*,
> *Système du Morbihan*,
> *Système du Westmoreland et du Hundsrück*;

Et que le troisième est antérieur à toutes les couches siluriennes qui existent dans la presqu'île de Bretagne, de même que le quatrième leur est postérieur.

Les schistes anciens de la Bretagne ressemblent sous plus d'un rapport aux schistes anciens du Cumberland, à ceux de la série dont fait partie le schiste noir lustré et souvent maclifère de *Skiddaw*. Jusqu'à présent on n'avait pas trouvé de fossiles dans ces schistes anciens du Cumberland ; mais j'apprends par une lettre récente de M. le professeur Sedgwick, que pendant l'été de 1847 il y a découvert des *Graptolites* et des *Fucoïdes*. Quelques rares fossiles (Encrines) se trouvent aussi au milieu des schistes anciens de la Bretagne et de la Normandie dans le calcaire de *Cartravers* (Côtes-du-Nord), qui forme une masse lenticulaire peu étendue, renfermée dans des schistes noirâtres lustrés et dans celui du Quency enclavé dans des schistes bleuâtres satinés, entre Saint-Lô et Littry (1). Dans les schistes anciens du Cumberland on ne trouve pas de calcaire, et le calcaire est fort rare aussi dans les schistes anciens de la Bretagne et de la Normandie où je ne connais d'autres masses calcaires que celles de Cartravers et du Quency, à laquelle il faut ajouter quelques plaquettes calcaires aux environs de Saint-Lô. Les schistes anciens de la Bretagne me paraissent avoir, au total, beaucoup plus de ressemblance avec les schistes anciens du Cumberland qu'avec les ardoises vertes liées aux *feldstones* de M. le professeur Sedgwick. Cette circonstance concourt avec le fait que les schistes dont il s'agit sont tous affectés par les rides du *système*

____

(1) Dufrénoy, *Explication de la carte géologique de la France*, t. I, p. 213.

du Finistère aussi bien que par celles des *systèmes du Longmynd* et *du Morbihan*, pour me faire penser que les schistes anciens de la Bretagne sont réellement très anciens. Dans l'explication de la carte géologique de la France ces schistes ont été coloriés en gris clair, indiqués par le signe *i'* et désignés sous le nom de *terrain cambrien*. Cependant si ces schistes correspondent aux schistes anciens du Cumberland, il est douteux, d'après les savantes recherches de M. le professeur Sedgwick, qu'ils aient aucun représentant dans les montagnes *cambriennes* du pays de Galles, tandis qu'ils en auraient un certain dans les montagnes *cambriennes* du Cumberland. Pour faire disparaître cette inconséquence de langage sans altérer considérablement la nomenclature reçue, je proposerai de désigner à l'avenir les schistes anciens de la Bretagne sous le nom de *schistes cumbriens*.

Les schistes anciens de la Bretagne, soit qu'ils affectent la direction du *système du Finistère*, celle du *système du Longmynd*, ou celle du *système du Morbihan*, sont recouverts en *stratification discordante* par un grand dépôt de grès, de poudingues quartzeux et de quartzites, qui paraît être l'équivalent du *grès de Caradoc*. Ce fait peut s'expliquer très simplement en admettant que la mer où s'est déposé le grès de Caradoc a été beaucoup plus étendue que celles où se sont déposées les couches fossilifères antérieures à ce grès. Je crois que cette mer a couvert les parties de la Bretagne, de la Scandinavie et de l'Amérique septentrionale où le terrain silurien s'est déposé, et que les premières couches siluriennes qui s'observent dans la Bretagne, la Scandinavie et l'Amérique septentrionale, sont non seulement à très peu près contemporaines, comme l'établissent si bien les savantes recherches paléontologiques de M. de Verneuil, mais *exactement* contemporaines, et qu'elles représentent proprement le grès de Caradoc. Je crois enfin que les couches souvent cristallines sur lesquelles ces dépôts quartzeux reposent sont beaucoup plus anciennes, de sorte que dans ces diverses contrées il existe dans la série des terrains stratifiés une *lacune considérable*. En Bretagne cette lacune me paraît correspondre à la double période de tranquillité qui s'est écoulée entre le soulèvement du *système du Finistère* et celui du *système du Morbihan*.

Suivant nos conjectures, les parties du sol européen et américain qui forment aujourd'hui la Bretagne, la Scandinavie et les États-Unis, auraient été abandonnées par la mer au moment où se sont formées les rides de l'un des systèmes antérieurs (en Bretagne celles du *système du Finistère*) : mais la mer y serait revenue immédiatement après la formation des rides du *système du Mor-bihan*, et un grand dépôt de grès et de poudingues quartzeux, dont le grès de Caradoc fait partie, aurait été dans une grande partie de l'Europe et de l'Amérique le résultat de son invasion. Le grès de Caradoc formerait ainsi un *horizon géognostique* comparable à celui du vieux grès rouge.

Mais comment l'horizon du grès de Caradoc se dessine-t-il dans le pays de Galles? s'il est prouvé que le *système du Morbihan est antérieur à toutes les couches siluriennes de la Bretagne*, doit-on en conclure qu'il est antérieur à toutes les couches des montagnes du pays de Galles, que M. Murchison regarde comme appartenant à la partie inférieure du terrain silurien?

Cette question importante se trouvera sans doute résolue lorsque M. Murchison et M. le professeur Sedgwick seront tombés complétement d'accord sur la classification des couches de cette contrée si intéressante et si difficile. Tout le monde sentira combien il serait téméraire de ma part de vouloir résoudre dans mon cabinet une question qui tient encore en suspens les géologues les plus éminents et ceux qui ont le mieux étudié le pays. Je puis d'autant moins essayer de le faire, que les travaux dont le pays de Galles a été l'objet dans ces dernières années n'ont pas encore été publiés d'une manière complète. Désirant cependant montrer combien j'attache d'importance à une question qui me paraît intéresser à un très haut degré l'avenir de la géologie paléozoïque, j'essaierai d'apporter pour sa solution le faible tribut de mes *conjectures*.

Le point essentiel me semblerait être de trouver dans le dessin si compliqué de la structure stratigraphique des montagnes du pays de Galles un trait qu'on pût rattacher nettement au *vaste horizon du grès de Caradoc*. Or, je remarque que la ligne tirée du centre du massif du Longmynd au centre du massif de l'île d'Anglesey est sensiblement orientée suivant la direction du système du Morbihan ; que cette ligne passe dans le voisinage des sommités les plus élevées du pays de Galles ; que les couches les mieux caractérisées et les plus anciennement reconnues du terrain silurien s'en tiennent éloignées avec une sorte de respect ; que cette ligne forme l'axe d'une zone qui semble avoir formé dans la mer où s'est déposé le grès du Caradoc, une île dont l'île d'Anglesey serait un reste, à peu près comme l'île de Guernesey est un reste d'une île que formaient, dans la même mer, les masses de granites et de schistes anciens, non recouvertes, qui s'étendent, ainsi que je l'ai remarqué précédemment, page 93, de Guernesey à Sillé le Guil-laume.

La réunion de ces diverses circonstances me conduit à conjecturer que la zone du pays de Galles, qui s'étend de l'île d'Anglesey au Longmynd, a été élevée au-dessus du niveau des mers, comme la bande de terrain ancien qui s'étend de Guernesey à Sillé le Guillaume, par le ridement de l'écorce terrestre auquel est dû le *système du Morbihan*, et que la disposition affectée relativement à cette zone par le grès de Caradoc et par les couches siluriennes supérieures à ce grès, fait partie intégrante de cette disposition générale et toute nouvelle qui me portent à regarder le grès de Caradoc comme formant la base d'une formation indépendante et l'un des meilleurs horizons géognostiques qui aient encore été observés.

Dans l'hypothèse que je me hasarde à proposer, le sol de cette île, premier noyau du pays de Galles, qui comprenait l'île d'Anglesey et les collines du Longmynd, aurait été traversé du S.-S.-O. au N.-N.-E. par la crête du Longmynd et par une série d'autres crêtes parallèles et contemporaines, qui sans être alors aussi élevées qu'elles le sont aujourd'hui, auraient présenté dès cette époque une première ébauche de leurs formes actuelles, dépendante du système de rides dont le Longmynd lui-même fait partie. Mais pendant la période qui a suivi immédiatement la formation du *système du Longmynd*, ces crêtes seraient demeurées en partie submergées, ou n'auraient formé qu'une série d'îles étroites, orientées du S.-S.-O. au N.-N.-E. : elles n'auraient fait partie d'une grande île continue, orientée dans son ensemble du N.-O. au S.-E., qu'après la formation du *système du Morbihan*.

Les circonstances les plus énigmatiques que présente le gisement d'une partie des couches du pays de Galles, me paraissent concorder avec mon hypothèse. Les couches du grès de Caradoc, qui reposent en stratification discordante sur les schistes du Longmynd, reposent au contraire en stratification concordante sur une longue série de couches fossilifères parmi lesquelles sont comprises celles du lac de Bala et peut-être d'autres beaucoup plus anciennes. Cette double circonstance peut s'expliquer très simplement en admettant que les couches schisteuses du Longmynd et les couches du grès de Caradoc, qui leur sont superposées transgressivement, laissent entre elles une lacune égale à toute l'épaisseur des couches qui prolongent inférieurement, jusqu'au calcaire de Bala et plus bas encore, la série constamment concordante avec le grès de Caradoc.

L'hypothèse proposée permet en effet de concevoir que la superposition du grès de Caradoc sur les couches redressées des collines du Longmynd ne se serait pas opérée immédiatement après le redressement de ces dernières couches, mais seulement après la formation du *système du Morbihan*, que nous avons vu être postérieur au *système du Longmynd*. Pendant la période comparativement tranquille qui s'est écoulée entre la formation du *système du Longmynd* et celle du *système du Morbihan* il a dû se former dans les mers une série de couches régulières, et cette série peut exister dans le centre même du pays de Galles, si la mer n'en a été complétement exclue qu'au moment de la formation du *système du Morbihan*. Cette série, dans mon hypothèse, est parallèle au grès de Caradoc, du moins en apparence, parce que le bossellement qui a émergé une partie du sol du pays de Galles, lors de la formation du *système du Morbihan*, et qui a empêché le grès de Caradoc et les couches supérieures du terrain silurien des'y déposer, n'y a produit que des dénivellations et presque pas de plis ni de fractures.

Dans ma supposition, les fractures et les plis dont ces couches sont affectées, seraient généralement indépendantes de la formation du *système du Morbihan;* quelques unes dirigées presque exactement vers le N.-E., appartiendraient au *système du West-moreland et du Hundsrück;* d'autres appartiennent certainement à des systèmes plus modernes notamment au *système de la Côte-d'Or.* Peut-être y aurait-il aussi un partage à effectuer parmi les dislocations dirigées vers le N.-N.-E. J'ai exprimé ailleurs l'opinion qu'il existe dans la partie occidentale de la Grande-Bretagne et en Irlande beaucoup de dislocations dirigées à peu près au N.-N.-E., dont la date est postérieure au dépôt des terrains paléozoïques (1); mais j'ignore si une part doit être faite au *système du Rhin* dans les rides des couches de la région du Snowdon, si profondément étudiées par M. le professeur Sedgwick, ou si ces rides doivent être toutes considérées comme appartenant au même système stratigraphique que les couches redressées du Longmynd dont elles se rapprochent par leur direction.

Je crois cependant que la plupart des directions N.-N.-E. qui existent en si grand nombre dans les parties montagneuses du pays de Galles, doivent *en principe* leur existence à un phénomène de ridement antérieur non seulement au grès de Caradoc, mais encore à un groupe considérable de couches fossilifères antérieures à ce grès. Ces couches fossilifères inférieures et le grès de Caradoc lui-même sont souvent affectés de cette même direction

____

(1) *Explication de la Carte géologique de la France.* t. 1ᵉʳ, p. 435.

N.-N.-E. : la crête des *stiperstones* qui constitue le bord occidental des collines du Longmynd en offre un exemple d'autant plus remarquable que le grès de Caradoc y est non seulement redressé dans la direction N.-N.-E., mais en même temps passé à l'état métamorphique. Les collines mêmes de Caradoc, et particulièrement le Lawley, présentent d'autres exemples du même fait, qui se multiplie presque à l'infini dans cette contrée ; il est dû à ce que les accidents stratigraphiques du *système du Longmynd* ont été amplifiés pour la plupart à l'époque où se sont produits les accidents du *système du Westmoreland et du Hundsrück*, qui souvent ont dévié de leur direction naturelle pour se confondre avec les premiers. D'autres accidents postérieurs et surtout de nombreuses éruptions de roches de trapp, opérées suivant les fissures originaires du *système du Longmynd*, ont encore concouru selon toute apparence au même phénomène. Il me paraît en effet naturel d'appliquer à ces masses éruptives l'hypothèse que j'ai appliquée, dès la première publication de mes recherches sur quelques unes des révolutions de la surface du globe, aux leucitophyres et aux trachytes de l'Italie méridionale, dont les éruptions sont bien postérieures au *système des Pyrénées et des Apennins*. J'ai fait remarquer dès lors qu'on observe la direction de ce système dans « deux » rangées de masses volcaniques, qui courent parallèlement aux » Apennins, l'un à travers la terre de Labour des environs de » Rome à ceux du Bénévent, et l'autre dans les îles Ponces de » Palmarola à Ischia (1) » et je dirais des roches trappéennes du pays de Galles comme des ophytes des Pyrénées, dont le soulèvement a aussi été postérieur à la formation du *système des Pyrénées et des Apennins*, « qu'elles se sont souvent alignées par files qui suivent les » directions de toutes les *anciennes fractures, de tous les clivages* » plus ou moins oblitérés que présentait le sol qu'elles avaient à » percer (2) ».

Ces éruptions de roches trappéennes, ainsi que M. Murchison l'a parfaitement constaté, se sont renouvelées à diverses époques, pendant le dépôt des couches siluriennes et même longtemps après leur dépôt ; il en est résulté des accidents stratigraphiques très variés dans leurs détails, mais la superposition contrastante des couches supérieures du grès de Caradoc sur les tranches des roches schisteuses du Longmynd, observée par M. Murchison près du *Mynd-*

---

(1) *Annales des sciences naturelles*, t. XVIII, p. 297 (1829).
(2) *Manuel géologique*, p. 656. — *Traité de géognosie*, t. III, p. 361.

Mill farm et de *Choulton Bridge* (1), au pied même des collines du Longmynd, est à mes yeux un trait caractéristique qui se rattache à l'horizon géognostique du grès de Caradoc, et qui me paraît ne devoir laisser aucun doute sur le point fondamental de l'explication que je propose.

Les changements de niveau qui ont accompagné dans le pays de Galles la formation du *système du Morbihan* et qui en ont émergé une partie, ont été cause que la mer a couvert, dans le pays de Galles même, certaines régions qu'elle ne couvrait pas auparavant, notamment les pentes du Longmynd, en même temps qu'elle a envahi d'immenses espaces en Bretagne, en Scandinavie, en Amérique, etc. Cet envahissement me paraît indiqué d'une manière évidente par l'immense étendue horizontale que prend subitement la série de couches qui commence au grès de Caradoc, et cette extension toute nouvelle établit à mes yeux une ligne de démarcation des plus tranchée entre la série des couches qui y participe, et que j'appellerais assez volontiers le *terrain silurien proprement dit*, et la série de couches plus ancienne et plus circonscrite ou du moins tout autrement circonscrite dont le calcaire de Bala fait partie. Un phénomène analogue s'est accompli, pendant la période jurassique, lorsque l'argile d'Oxford est venue s'étendre sur les couches paléozoïques et triasiques des plaines de la Russie, sans y avoir été précédée par le lias ni par le premier étage oolithique; et ce fait, sur lequel les savantes observations de MM. Murchison, de Verneuil et de Keyserling ne laissent aucun doute, pourrait motiver de même le partage du terrain jurassique en deux terrains distincts.

Il appartient aux illustres géologues qui ont fait jaillir des montagnes du pays de Galles tant de lumières inattendues, de fixer le nom qui devra être donné à la série de couches fossilifères, inférieure et parallèle au grès de Caradoc, dont le calcaire de Bala fait partie : je me bornerai à désigner cette série de couches sous la dénomination de *série fossilifère du calcaire de Bala*; mais quel que soit le nom qui pourra lui être imposé définitivement, il me paraît évident que cette série inférieure représente chronologiquement la période géologique comparativement tranquille qui s'est écoulée entre la production du *système du Longmynd* et celle du *système du Morbihan*.

La *série fossilifère du calcaire de Bala* n'existe pas dans la pres-

---

(1) *Murchison silurian system*, pl. **XXXI**, fig. 3 ; pl. **XXXII**, fig. 4 ; et pl. **XXXIII**, fig. 1.

qu'île de Bretagne. Les premières couches siluriennes qui s'observent dans cette contrée et qui me paraissent représenter le grès de Caradoc, reposent constamment sur des couches beaucoup plus anciennes, de sorte qu'il doit exister, au point de superposition, une lacune dans la série géologique, comparable à celle que j'ai signalée précédemment (voyez page 564, t. IV, 2e série, du *Bulletin*) entre la craie blanche et l'argile plastique de beaucoup de parties de la France et de l'Angleterre.

La lacune doit être ici très considérable, car ce n'est pas seulement la *série fossilifère de Bala* qui me paraît manquer dans la plus grande partie de la Bretagne. Je n'y trouve pas non plus de représentants des schistes verts avec porphyres subordonnés (*feldstones*) du pays de Galles et du Westmoreland.

Suivant mes conjectures, la mer aurait couvert l'emplacement des montagnes actuellement les plus élevées du pays de Galles pendant la période comparativement tranquille qui a suivi la formation du *système du Finistère*, et c'est pendant cette période que se serait formé le *terrain des ardoises vertes et des feldstones*.

La mer n'aurait abandonné que partiellement cet espace au moment de la formation du *système du Longmynd*, et c'est pendant la période subséquente que s'y serait déposée la *série fossilifère du calcaire de Bala*. Le dépôt de cette série se serait prolongé sans interruption jusqu'au moment de la formation du *système du Morbihan*, et le grès de Caradoc ferait à peu près continuité avec cette même série, parce que le ridement qui a donné naissance au *système du Morbihan* ne se serait opéré dans le pays de Galles qu'avec une faible intensité. Il aurait suffi cependant, pour que la mer du grès de Caradoc ne pût opérer aucun dépôt sur les couches fossilifères des parties aujourd'hui les plus élevées du pays de Galles, et pour qu'elle pût en opérer au contraire sur le pied des pentes des collines du Longmynd que la mer précédente n'avait pas recouvert.

Les quatre systèmes de montagnes dont nous venons de parler, quoique fort anciens, sont peut-être bien loin cependant d'être les plus anciens qui se soient dessinés sur la surface du globe. Le plus ancien des quatre, le *système du Finistère*, est postérieur aux *schistes cumbriens* de la Bretagne, qui se présentent déjà comme un groupe régulier de dépôts sédimentaires, comparable, sous beaucoup de rapports, aux groupes de dépôts sédimentaires qui représentent les périodes de tranquillité subséquentes. L'analogie conduirait donc à supposer que le dépôt des *schistes cumbriens* de la Bretagne aurait été précédé par la formation d'un système de montagnes plus ancien que celui du Finistère. Peut-être même faudrait-il traverser une série plus au moins étendue d'époques de soulèvement et de périodes de tranquillité pour remonter jusqu'au moment où le refroidissement graduel de l'écorce terrestre a cessé d'être plus rapide que le refrodissement moyen de sa masse totale (1). Je manque de données pour rien préciser à cet égard, mais je m'empresse de prendre acte dès aujourd'hui de ce que M. Rivière, qui a beaucoup étudié le département de la Vendée et le S.-O. de la Bretagne, signale dans ces contrées un système de dislocations plus ancien que tous ceux dont nous venons de nous occuper.

D'après M. Rivière, ce système, que je proposerais de nommer *système de la Vendée*, se dirige à peu près du N.-N.-O. au S.-S.-E. (2).

Peut-être M. Boblaye a-t-il déjà signalé, sans le savoir, un accident stratigraphique en rapport avec ce système, dans le passage suivant de son mémoire sur la Bretagne, déjà cité ci-dessus.

« *Granite et micaschiste*, stratification. Dans cette formation de
» granite et de micaschiste, la stratification ne montre plus cette
» uniformité de direction E.-S.-E. — O.-N.-O. que nous avons
» vu régner dans les gneiss et protogines. A partir de Saint-Adrien
» (près Redon), en suivant les bords du Blavet jusqu'à Pontivy et
» de là au Guémené, on la voit se diriger au N.-N.-O., puis s'in-
» fléchir vers le N.-O. et l'O., en approchant du Faouet, s'ap-
» puyant constamment au S.

» Elle paraît ainsi envelopper le massif postérieur au leptinite,
» qui prend un très grand développement dans cette partie cen-
» trale de la Bretagne. Je dois dire en terminant ce qui est relatif
» à cette formation, que parmi les micaschistes observés à sa sur-
» face, il en est plusieurs qui m'ont paru plutôt superposés qu'in-
» tercalés (Sainte-Barbe près le Faouet, etc.) (3). »

Je crois avoir été dans le cas d'observer de mon côté des accidents stratigraphiques qui font partie de ce même système, à une époque où je ne soupçonnais pas encore son existence indépendante.

---

(1) Voyez une *Note sur le rapport qui existe entre le refroidisse-ment progressif de la masse du globe et celui de sa surface*, que j'ai consignée dans les *Comptes-rendus hebdomadaires des séances de l'Académie des sciences*, t. XIX, p. 1327 (16 décembre 1844)

(2) A. Rivière, *Études géologiques et minéralogiques*, p. 264.

(3) Puillon-Boblaye, *Essai sur la configuration et la constitution géologique de la Bretagne. — Mémoires du Muséum d'histoire naturelle*, t. XV, p. 75 (1827).

En 1833 j'ai parcouru dans toutes ses parties l'île de *Belle-Isle*, où j'ai relevé un grand nombre de directions. Cette île est formée presque en entier par des schistes verts lustrés, avec veines irrégulières de quartz blanc laiteux, qui ressemblent beaucoup, sous le rapport minéralogique, à certains *killas* du Cornouailles. L'aspect lustré de ces schistes est évidemment dû à un phénomène métamorphique, et le métamorphisme est quelquefois poussé au point que des cristaux de feldspath se développent au milieu du schiste qui passe ainsi à un gneiss porphyroïde, dont on observe un exemple remarquable à la pointe des Canons, à l'extrémité S.-E. de l'île.

Les schistes de Belle-Isle sont certainement fort anciens. Ils me paraissent l'être au moins autant que ceux que j'ai cités ci-dessus, page 94, comme enclavés dans les granites du plateau méridional de la Bretagne, où ils conservent, malgré leur état actuel de dislocation, la direction du *système du Finistère*.

Le lambeau saillant de roches schisteuses qui constitue l'île de Belle-Isle est le dernier terme d'une série de lambeaux de gneiss et de schistes, qui, commençant à Redon, s'avance au milieu des granites du Morbihan dans la direction de l'E. 20° S., c'est-à-dire dans la direction propre au *système du Finistère*.

Cependant la direction du *système du Finistère* n'est pas à beaucoup près celle qu'on observe le plus fréquemment dans les schistes de Belle-Isle ; des directions qui en moyenne sont presque perpendiculaires à celle-là y sont infiniment plus habituelles. Les schistes de Belle-Isle sont extraordinairement plissés, mais leurs plis, quoique souvent très sinueux, présentent des directions qui se groupent pour la plupart autour des quatre orientations suivantes : O. 35° N., N. 20° O., N. 3° 10′ O., N. 19° 32′ E. ; les directions comprises entre l'E. et le N.-E. sont peu nombreuses.

La direction O. 35° N. est à trois degrés près celle du *système du Morbihan ;* la direction N. 19° 32′ E. se rapproche encore davantage de celle du *système du Longmynd ;* la direction N. 3° 12′ O. pourrait être rapportée au *système du nord de l'Angleterre.* Quant à la direction N. 20° O., je serais très porté à admettre qu'elle appartient au *système de la Vendée.*

En admettant avec M. Rivière que le *système de la Vendée* est le plus ancien de tous ceux dont on observe des traces dans la France occidentale on concevrait comment les schistes de Belle-Isle, déjà fortement plissés suivant le direction de ce système, ont pu l'être encore par ceux des systèmes postérieurs dont la direction était peu différente, tandis qu'ils n'ont pu l'être aussi aisément par ceux dont la direction était presque perpendiculaire comme le *système du Finistère* et le *système du Westmoreland et du Hundsrück*.

Je ne connais pas personnellement les faits d'après lesquels M. Rivière considère le *système de la Vendée* comme plus ancien que tous ceux auxquels nous pouvons le comparer ; mais indépendamment de la circonstance que je viens de signaler, les rapprochements suivants me portent encore à croire fondée la classification proposée par cet habile géologue.

Les directions des cinq systèmes que nous venons de considérer, présentent entre elles des relations qui, sans se réduire à ce qu'on pourrait appeler des chiffres absolument mathématiques, sont cependant remarquables par la simplicité dont elles approchent dans des limites qui ne dépassent pas beaucoup l'incertitude dont il est certain que chacune d'elles en particulier demeure encore affectée.

Le *système de la Vendée* est dirigé, d'après M. Rivière, au N.-N.-O., soit N. 22° 30′ O.

La direction du *système du Finistère*, transportée à Vannes, est à très peu près E. 21° 5′ N.

La direction du *système du Longmynd*, transportée à Vannes, est à très peu près N. 22° 49′ E.

La direction du *système du Morbihan* est à Vannes E. 38° 15′ S.

La direction du *système du Westmoreland et du Hundsrück*, transportée à Vannes, est à très peu près E. 39° 59′ N.

On voit, en comparant ces directions, que celle du *système du Finistère* est perpendiculaire, à moins d'un degré et demi près, à celle du *système de la Vendée*, auquel le premier a succédé peut-être immédiatement.

On voit de plus que la direction du *système de Longmynd*, qui a suivi les deux autres, forme d'une part, avec celle du *système de la Vendée*, un angle de 45° 19′, et de l'autre, avec celle du *système du Finistère*, un angle de 46° 6′, c'est-à-dire que la direction du *système du Longmynd* divise l'angle, formé par les directions des deux systèmes qui l'ont précédé, en deux parties égales entre elles à moins d'un degré près.

La direction du *système du Morbihan* forme un angle de 29° 15′ avec celle du *système de la Vendée*, et un angle de 59° 20′ avec celle du *système du Finistère* ; elle a divisé l'angle compris entre les directions de ces deux systèmes antérieurs en deux parties, dont l'une est à peu près double de l'autre. De plus, elle fait un angle de 15° 26′ avec une ligne perpendiculaire à la direction du *système du Longmynd* (ligne qu'on pourrait appeler une *direction virtuelle*), de sorte qu'elle a aussi divisé en deux parties, dont l'une est à peu près double de l'autre, l'angle formé par la direction du *système de la Vendée*, et la perpendiculaire à la direction du *système du Longmynd*. Il n'est pas inutile d'ajouter qu'en faisant subir à la direction du *système du Morbihan* un changement de vingt-cinq minutes seulement, on rendrait ce double rapport à très peu près exact, et que dans ces deux divisions comparées entre elles, la partie double de l'autre se trouve placée en sens inverse.

Ces relations me paraissent très remarquables en ce qu'elles semblent indiquer que la direction du système du Morbihan a été une conséquence des directions des trois autres systèmes et en ce qu'elles tendent par conséquent à confirmer les raisonnements qui nous ont fait conclure qu'*il leur est postérieur*.

La direction du *système du Westmoreland et du Hundsrück* fait, d'une part avec la direction du *système de la Vendée*, un angle de 72° 31', et de l'autre, avec celle du *système du Morbihan*, un angle de 78° 14'; ces deux angles ne diffèrent l'un de l'autre que de 5° 43', ainsi on peut dire que la direction du *système du Westmoreland et du Hundsrück* a divisé en deux parties peu éloignées d'être égales entre elles l'angle formée par les directions de deux des systèmes antérieurs. De plus, la direction du *système du Westmoreland et du Hundsrück* forme d'une part, avec la direction du *système du Finistère*, un angle de 18° 54', et de l'autre, avec la direction du *système du Longmynd*, un angle de 27° 12'. Le premier de ces deux angles est à peu près, au second, dans le rapport de 2 à 3, et on peut remarquer que si on faisait subir à la direction du *système du Finistère* un changement de 29 minutes seulement, et qu'on le supposât E. 39° 30' N., le rapport de 2 à 3 deviendrait sensiblement exact tandis que les angles que cette direction ferait avec celles des *systèmes de la Vendée et du Morbihan* ne différeraient plus que de 4°, 45'.

Les directions des systèmes de montagnes qui, dans l'ordre chronologique ont succédé au *système du Westmoreland et du Hundsrück*, se prêtent également à des rapprochements du genre de ceux qui viennent de nous occuper.

La direction du *système des Ballons*, transportée à Vannes, est à peu près E. 8° 40' S.

La direction du *système du nord de l'Angleterre*, transportée à Vannes, est à peu près N. 5° 25' O.

Enfin, pour nous arrêter aux systèmes de la période paléozoïque, la direction du *système des Pays-Bas*, transportée à Vannes, est à peu près E. 10° 10' N.

De là il résulte, qu'à Vannes, la direction du *système des Ballons* fait avec la direction du *système du Westmoreland et du Hunds-rück* un angle de 48° 39′, avec la direction du *système du Morbihan* un angle 29° 35′, avec la direction du *système du Finistère* un angle de 29° 45′, avec une perpendiculaire à la direction du *système du Longmynd* un angle de 14° 9′, et avec la direction du *système de la Vendée* un angle de 58° 50′. Ainsi la direction du *système des Ballons* a divisé en deux parties à peu près égales l'angle formé par les directions des *systèmes du Finistère et du Morbihan*, et elle a formé, avec la perpendiculaire à la direction du *système du Longmynd* et avec les directions des *systèmes du Westmoreland et du Hundsrück* et *de la Vendée*, des angles qui approchent beaucoup d'être dans les rapports de 1 : 3 : 4.

On voit encore que la direction du *système du nord de l'Angle-terre* a formé avec la direction du *système de la Vendée* uu angle de 17° 5′, avec la direction du *système du Longmynd* un angle de 28° 14′, avec la direction du *système du Finistère* un angle de 74° 20′, et avec la direction du *système des Ballons* un angle de 75° 55′. Ainsi elle a divisé l'angle formé par les directions des *systèmes du Finistère* et *des Ballons* en deux parties à peu près égales, et l'angle formé par les *systèmes de la Vendée* et *du Longmynd* en deux parties, dont le rapport est à peu près celui de 2 à 3.

Enfin, la direction du *système des Pays-Bas* a formé avec la direction du *système du Finistère* un angle de 10° 55′, avec la direction du *système des Ballons* un angle de 18° 50′, avec la direction du *système du Westmoreland et du Hundsrück* un angle de 29° 40′, et avec la direction du *système du Morbihan* un angle de 48° 25′. Ainsi elle a divisé l'angle formé par les directions des *systèmes du Finistère* et *des Ballons* en deux parties qui sont à peu près dans le rapport de 1 à 2. L'angle formé par les directions des *systèmes du Westmoreland et du Hundsrück* et *du Morbihan* en deux parties qui sont à peu près dans le rapport de 2 à 3, et l'angle formé par les directions des *systèmes du Finistère et du Morbihan* en deux parties qui sont à peu près dans le rapport de 1 à 5.

Ces derniers rapports exigeront une révision et probablement des rectifications ultérieures; ils sont moins exacts que ceux que nous avions remarqués en premier lieu, et cela me porterait à conclure que la méthode de calcul que j'ai suivie dans cette note est, en elle-même, plus exacte que la méthode graphique dont je m'étais contenté dans mes recherches antérieures sur les directions de différents systèmes de montagnes. En tout état de cause, les rapprochements auxquels nous venons de nous livrer, me paraî-traient tendre à faire présumer que les directions assignées aux divers systèmes que nous avons considérés, ne présenteraient guère que des inexactitudes de l'ordre de celles qui se manifestent dans les divisions d'angles que nous venons de considérer, inexactitudes dont la plus considérable est de *moins de cinq degrés.*

On pourrait même en inférer que les inexactitudes de ces déterminations sont encore moindres, car d'une part il n'est pas établi qu'il soit dans l'essence du phénomène des ridements successifs de l'écorce terrestre que ces bissections et ces trisections s'opèrent avec une exactitude absolue et dans tous les cas cette rigueur ne devrait se manifester qu'autant qu'on pourrait comparer entre eux les véritables *grands cercles de comparaison* des différents systèmes au lieu des *grands cercles de comparaison provisoires* dont nous avons dû nous contenter : enfin les rapprochements auxquels nous venons de nous livrer ne conduiraient pas exactement aux mêmes résultats dans tous les points où on pourrait transporter les directions à comparer. Nous nous sommes borné à opérer uniformement toutes ces comparaisons sur les directions transportées à Vannes ; mais il y a telle de ces comparaisons pour laquelle un point de l'Europe, fort éloigné de Vannes, serait peut-être plus heureusement choisi, et dont le choix seul pourrait équivaloir, relativement à la plus incertaine de nos comparaisons, à cette modification de 25 à 29′, dont nous avons parlé, et même à des modifications plus considérables encore. Nous avons vu, en effet, précédemment (voyez ci-dessus, p. 30) que dans l'étendue d'un carré sphérique de 400 lieues seulement de côté, la correction due à l'*excès sphérique* dans le transport d'une direction d'un point à un autre, peut s'élever à près de 2°. S'il y avait plusieurs directions à transporter en un même point dans cet espace circonscrit, les corrections seraient différentes et pourraient être en sens opposés. De pareils transports pourraient donc quelquefois changer de 3 à 4° les angles formés par les directions transportées, et si les transports s'opéraient dans un espace plus étendu, les modifications deviendraient plus grandes encore.

Pour chacune des divisions d'angles qui s'opèrent approximativement entre les directions transportées à Vannes, il y aurait généralement un point de la sphère terrestre où il faudrait transporter les directions auxquelles elles se rapportent pour qu'elles s'opérassent le plus exactement possible. La recherche de ces points ne serait pas sans intérêt pour la détermination des rapports des différents systèmes comparés entre eux ; mais le temps et l'espace me manquent pour me livrer actuellement à cette recherche. Je remarquerai seulement que ces rapprochements, malgré leur imperfection, sont déjà plus voisins de l'exactitude que plusieurs de ceux auxquels on s'est livré jusqu'à présent sur les directions des différents systèmes de montagnes.

En effet, M. Rivière et M. Le Blanc se sont attachés à montrer que deux systèmes de montagnes dont les formations ont été consécutives, approchent souvent d'être perpendiculaires l'un à l'autre (1). M. Le Blanc a cité comme exemples de cette perpendicularité le *système du nord de l'Angleterre* et le *système des Pays-Bas*; le *système du Rhin* et le *système du Thüringerwald, du Bohmerwald Gebirge, du Morvan*; le *système de la Côte-d'Or* et le *système du mont Viso*; le *sytème des Pyrénées* et le *système des îles de Corse et Sardaigne*. Parmi tous ces exemples, un seul peut être mis en parallèle avec ceux que je viens de citer, c'est le premier; il est en effet certain que le *système du nord de l'Angleterre* est perpendiculaire, à 5° près, au *système des Pays-Bas*. Mais le *système du Rhin* (N. 21ᵒ E.) fait avec le *système du Thüringerwald* (O. 40ᵒ N.) un angle de 71ᵒ; le *système de la Côte-d'Or* (E. 40ᵒ N.) fait avec le *système du mont Viso* (N. 22ᵒ 30′ O.) un angle de 72ᵒ 30′; le *système des Pyrénées* (O. 18ᵒ N.) fait avec le *système des îles de Corse et de Sardaigne* (N.-S.) un angle de 72ᵒ. Dans ces trois derniers cas il s'en faut de 17 à 19ᵒ que les systèmes comparés ne soient perpendiculaires entre eux, et on ne peut même pas dire qu'ils le soient approximativement, attendu que les directions que j'ai assignées à ces systèmes, sans être sans doute d'une exactitude rigoureuse, ne présentent certainement pas des erreurs de plus de 17ᵒ. Je serais d'autant moins porté à le croire, que dans chacun de ces trois exemples les deux systèmes se coupent de manière à former entre eux des angles de 72 et de 108ᵒ à peu près, c'est-à-dire des angles qui sont entre eux comme 2 : 3.

Mais lorsqu'il s'agit de rapprochements de ce genre, il n'est pas nécessaire de comparer toujours entre eux des systèmes de montagnes immédiatement consécutifs. Ainsi que M. L. Frapolli l'a parfaitement expliqué dans son remarquable mémoire sur la nature et l'application du caractère géologique (2), il paraît bien qu'il existe dans la nature une cause puissante qui tend à donner

---

(1) A. Le Blanc, *Bulletin de la Société géologique de France*, t. XII, p. 140 (1841).

A. Rivière, *Études géologiques et minéralogiques*, p. 252.

(2) L. Frapolli, *Bulletin de la Société géologique de France*, 2ᵉ série, t. IV, p. 628 (1847).

aux rapports de directions qui nous occupent une exactitude au moins approximative. Mais cette cause ne tend pas nécessairement à faire que deux systèmes qui se sont suivis consécutivement dans une même contrée, soient perpendiculaires entre eux, tandis qu'elle peut très bien être cause que deux systèmes dont l'un aura succédé à l'autre, dans une même contrée, après la production de plusieurs autres systèmes intermédiaires soient réellement perpendiculaires entre eux. Je remarque en effet que le *système des Alpes occidendales* (N. 26° E.) est perpendiculaire à 8° près au système des Pyrénées (O. 18° N.); que le *système de la chaîne principale des Alpes* est perpendiculaire à 6° 30′ près au système du mont Viso (N. 22° 30′ O.). Je remarque aussi que la direction du *système des îles de Corse et de Sardaigne* (N.-S.) divise en deux parties, qui sont à peu près, dans le rapport de 2 à 3, l'angle formé par la direction du *système de la Côte-d'Or* (E. 40° N.) et par celle du système des Pyrénées (O. 18° N.). J'avais déjà remarqué anciennement, dans les directions des divers systèmes de montagnes, une sorte de récurrence périodique (1), à laquelle les déterminations nouvelles contenues dans cette note pourront ajouter quelques termes assez curieux; mais aucun de ces rapprochements n'approche de l'exactitude dans des limites aussi étroites que ceux que nous ont présentés les systèmes de montagnes dont je viens de déterminer les directions par le calcul, et cela me confirme dans la présomption que cette méthode de calcul est supérieure à mon ancienne méthode graphique.

Je me réserve de discuter ultérieurement ces rapprochements avec plus d'étendue et de rigueur; je tenais surtout à faire observer aujourd'hui qu'ils font déjà entrevoir comment la direction de chaque système a été influencée par celle des systèmes antérieurs, et qu'ils offrent un moyen de contrôler les rapports d'âge que des considérations d'un autre genre établissent entre eux.

Je n'ajouterai sur ce sujet qu'une dernière remarque, c'est que le fait que la direction du *système du Finistère* est perpendiculaire à celle du *système de la Vendée*, tandis que les directions des systèmes qui les ont suivis, ont entre elles des rapports moins simples, semble venir à l'appui de l'opinion de M. Rivière, qui regarde le *système de la Vendée* comme le système de montagnes le plus ancien de l'Europe occidentale.

------

(1) *Recherches sur quelques unes des révolutions de la surface du globe.* — *Manuel géologique*, p. 646 (1833). — *Traité de géognosie*, t. III, p. 343 (1834).

En résumé, il me paraît résulter du contenu de cette note, déjà beaucoup trop longue quoique trop peu détaillée sous beaucoup de rapports, que l'histoire géologique de l'Europe occidentale pendant les premiers temps de la période paléozoïque peut être représentée par le tableau suivant.

Tableau des terrains et des sytèmes de montagnes qui se sont formés dans l'Europe occidentale pendant les premiers temps de la période paléozoïque.

Terrain des schistes verts satinés de Belle-Isle.

SYSTÈME DE LA VENDÉE.

Direction N.-N.-O. — S.-S.-E.

Terrain des schistes cumbriens de la Bretagne.

SYSTÈME DU FINISTÈRE.

Direction, à Brest, O. 21° 45′ S. — E. 21° 45′ N.

Terrain des ardoises vertes du Pays de Galles et des feldstones.

SYSTÈME DU LONGMYND.

Direction, au Binger-Loch, N. 31° 15′ E. — S. 31° 15′ O.

Série fossilifère du calcaire de Bala.

SYSTÈME DU MORBIHAN.

Direction, à Vannes, O. 38° 15′ N. — E. 38° 15′ S.

Terrain silurien proprement dit et tilestone fossilifère.

(Gîtes fossilifères de Plymouth, Elbersreuth, Schübelhammer, Abentheur, Stromberg, Wissenbach, Kemmenau, Haüsling, Steinlacke près Weilbourg, Oberscheld près Dillenbourg, Wipperfurth, Niederoshach, Braubach, embouchure de la Lahn, Ems, Coblentz, Ehrenbreitstein, bords de la Moselle, Unkel, Siegen, Salchendorf près Siegen, Solingen, Olpe, Landerskron, Lindlar, Isarlohn, Gimhorn, Siebengebirge, Altenahr, Daun, Prüm, Limbourg, Martelange, Houffalise, Wiltz, Longvilly, Mondrepuis, environs de Mézières et de Bouillon (Ardennes), environs de Schirmeck (Vosges), Montagne-Noire (Aude), vallée de Campan (Hautes-Pyrénées).)

SYSTÈME DU WESTMORELAND ET DU HUNDSRUCK.

Direction, au Binger-Loch, O. 31° 1/2 S. — E. 31° N.

Terrain dévonien proprement dit.

ADDITION : *sur les prolongations lointaines du* SYSTÈME DU MORBIHAN, *du* SYSTÈME DES BALLONS, *du* SYSTÈME DU WESTMORELAND ET DU HUNDSRUCK *et du* SYSTÈME DE LA CÔTE-D'OR.

Nous avons été conduit ci-dessus, p. 91, à jeter un coup d'œil sur la prolongation transatlantique du *système du Morbihan.* Le *système des Ballons* me paraît se prolonger aussi dans l'Amérique septentrionale.

Dès l'origine de mes recherches sur quelques unes des révolutions de la surface du globe, j'ai signalé le parallélisme qui existe entre la direction qui domine dans la chaîne des Alleghanys et la prolongation de la direction des Pyrénées (1). Depuis lors, ayant reconnu que le *système des Ballons*, quoique presque parallèle au *système des Pyrénées*, est cependant beaucoup plus ancien, j'ai ajouté : « Il est naturel de penser que, si réellement le système » dont les Pyrénées font partie se prolonge depuis les États-Unis » jusque dans l'Inde, en traversant l'Europe, il doit en être de » même du *système des Ballons*, auquel il me paraît même bien » probable que les Alleghanys doivent une partie de leur configu- » ration (2) ».

Aujourd'hui cette probabilité me paraît être devenue presque une certitude. *Le système des Ballons et des collines du Bocage* est postérieur au plissement des couches anthraxifères des bords de la Loire-Inférieure et des départements de la Sarthe et de la Mayenne, mais antérieur au dépôt du terrain houiller de Saint-Pierre-la-Cour (Mayenne), qui repose sur les tranches de ces couches repliées. J'ai cru pendant longtemps que toutes les couches anthraxifères des départements de la Sarthe et de la Mayenne appartenaient au terrain dévonien, et j'en concluais que le *système des Ballons et des collines du Bocage* avait pris naissance après le dépôt du terrain dévonien, mais avant celui de tout le système carbonifère, que je croyais être un tout indivisible. Cependant M. Buckland a signalé, dès l'année 1837, le calcaire de Sablé (Mayenne) comme devant être rapporté au calcaire carbonifère, et, depuis lors, les recherches paléontologiques de MM. de Verneuil (3) et d'Archiac me paraissent avoir mis ce point hors de doute. Or, le calcaire de Sablé est compris dans le plissement de tout le

---

(1) *Annales des sciences naturelles*, t. XVIII, p. 322 (1829).
(2) *Traité de géognosie*, t. III, p. 365 (1835).
(3) *Bulletin de la Société géologique de France*, t. X, p. 55 (1839).

8

système anthraxifère des contrées environnantes qui appartient essentiellement au *système des Ballons et des collines du Bocage*; donc ce système doit être considéré comme ayant pris naissance après le dépôt du calcaire carbonifère et avant le dépôt du terrain houiller, qui dès lors constituent réellement deux terrains distincts.

Le calcaire carbonifère devient quelquefois un dépôt principalement arénacé et presque semblable au terrain houiller proprement dit. Le terrain carbonifère du Northumberland, les grès calcifères de l'Écosse, le dépôt carbonifère du Donetz, sont déjà trois exemples bien avérés de ce fait; et l'Amérique du Nord me paraît en présenter un quatrième. En effet, les rapprochements paléontologiques que M. de Verneuil a si savamment établis entre les fossiles marins des couches calcaires qui alternent avec les dépôts houillers situés à l'ouest des Alleghanys (1) et les fossiles des terrains paléozoïques de l'Europe, rattachent directement les premiers aux couches calcaires du terrain calcifère des environs de Gloscow, aux couches à *fusulines* du terrain carbonifère du Donetz et non au terrain houiller proprement dit.

Or, d'après les beaux travaux de MM. les professeurs Rogers et de plusieurs autres géologues américains, si bien résumés par M. Lyell (2, les couches carbonifères du grand bassin, placé au pied occidental de la chaîne des Alleghanys, pénètrent dans l'intérieur de cette chaîne. Elles sont aussi essentiellement comprises dans les plis des couches qui la composent que le calcaire de Sablé dans les plis du terrain anthraxifère des bords de la Loire-Inférieure et de la Sarthe. Ces plissements séparés par toute la largeur de l'océan Atlantique, sont en eux-mêmes complétement analogues, et ils se présenteraient dans des circonstances exactement semblables, si, au lieu de trouver seulement le grès bigarré superposé en stratification discordante sur les couches américaines, on y avait découvert un terrain houiller comparable à celui de Saint-Pierre-la-Cour; mais cette lacune n'empêche pas que la comparaison des directions des deux groupes de couches repliées ne présente un véritable intérêt.

Pour effectuer cette comparaison, je suis parti de la direction que mes recherches antérieures m'ont conduit à assigner au *sys-*

---

(1) E. de Verneuil, *Note sur le parallélisme des roches des dépôts paléozoïques de l'Amérique septentrionale avec ceux de l'Europe*, p. 646 du présent volume.

(2) Lyell, *Travels in north America.*

tème des Ballons et des collines du Bocage. J'avais annoncé depuis longtemps que les directions qui se rapportent à ce système « sont toujours très près d'être parallèles à un grand cercle qui » passerait par le Ballon d'Alsace (dans le midi des Vosges) en » faisant avec le méridien de cette cime un angle de 74°, ou en » se dirigeant de l'O. 16° N. à l'E. 16° S. (1) ».

Afin de transporter cette direction dans la région des Alleghanys, j'ai résolu le triangle sphérique formé par le méridien du Ballon d'Alsace, le méridien de Washington et le grand cercle qui passe au Ballon d'Alsace en se dirigeant à l'O. 16° N. Le Ballon d'Alsace est situé par 47° 50′ de lat. N. et par 4° 36′ de long. E. de Paris. Washington est situé par 38° 53′ 25″ de lat. N. et par 79° 22′ 24″ de long. O. de Paris. L'angle formé au pôle par les deux méridiens est de 83° 58′ 24″, et la résolution du triangle sphérique en question montre que le grand cercle qui passe au Ballon d'Alsace, en se dirigeant à l'O. 16° N., rencontre le méridien de Washington par 28° 24′ 23″ de lat. N., en faisant avec lui un angle de 47° 11′ 15″, c'est-à-dire en se dirigeant de l'E. 42° 48′ 45″ N. à l'O. 42° 48′ 45″ S.

Le point d'intersection est à 10° 29′ 2″, ou à environ 1160 kilomètres au sud de Washington, mais cette distance est prise sur une ligne oblique par rapport au grand cercle prolongé depuis le Ballon d'Alsace : une perpendiculaire abaissée de Washington sur ce grand cercle a seulement une longueur égale à 7° 54′ 58″ du méridien, ou à environ 880 kilomètres (200 lieues).

Cette distance, sans être énorme, est déjà assez considérable pour qu'il y ait lieu de calculer quelle serait la direction d'un arc de grand cercle qu'on mènerait par Washington parallèlement à celui que nous avons prolongé depuis le Ballon d'Alsace, c'est-à-dire perpendiculairement à la perpendiculaire que nous venons d'abaisser de Washington sur ce dernier. La résolution du triangle sphérique convenable apprend que l'arc cherché, passant par Washington, se dirigerait de l'E. 43° 18′ N. à l'O. 43° 18′ S.

Telle elle est la direction du *système des Ballons et des collines du Bocage* transportée dans la région des Alleghanys ; or, en construisant cette direction sur l'excellente petite carte géologique des États-Unis, publiée par M. Lyell (2), je trouve qu'elle coïncide d'une manière satisfaisante avec la direction la plus générale des couches redressées des Alleghanys, car elle suit à peu près

---

(1) *Traité de géognosie*, t. III, p. 303 (1834).
(2) Lyell, *Travels in north America*, t. II.

exactement à travers la Virginie et la Caroline du Nord la ligne de séparation du grès de Potsdam et du calcaire de Trenton. De là je conclus que très probablement les Alleghanys doivent en effet « *une partie de leur configuration* » au *système des Ballons et des collines du Bocage*, et que nous n'avons pas fait une chose exorbitante lorsque nous avons cherché ci-dessus, p. 92, la prolongation du *système du Morbihan* dans le Labrador et le Canada.

Je dois ajouter cependant que c'est *une partie* seulement de la configuration de la vaste chaîne des Alleghanys, qui me paraît devoir être rapportée au *système des Ballons*, d'une part parce que je ne renonce pas complétement à y retrouver quelques accidents propres au *système des Pyrénées*, presque parallèle à celui des Ballons, et de l'autre, parce que, comme l'ont parfaitement observé MM. les professeurs Rogers (1), et comme la carte le montre immédiatement, il existe dans les Alleghanys au moins deux directions distinctes.

Celle qui joue le second rang, sous le rapport de son importance, est beaucoup plus rapprochée de la ligne N.-S. que celle que nous venons de considérer. Elle court à quelques degrés à l'E. du Nord, mais elle se combine avec la première dans une foule de localités, et les observations de MM. les professeurs Rogers ne permettent pas de douter que les deux directions n'aient été imprimées simultanément aux couches carbonifères ; mais il me paraît extrêmement probable qu'ici, comme en Belgique, où j'ai déjà signalé ce fait (2), la direction la plus rapprochée du méridien n'est autre chose qu'une direction plus ancienne, déjà existante dans les couches qui servent de support aux couches fossilifères, laquelle a été reproduite au moment où le *système des Ballons* a pris naissance, de manière à s'allier avec celle de ce système sans se confondre avec elle.

Cette manière de voir aurait l'avantage de se trouver presque complétement en harmonie avec les savants travaux de M. le professeur Hitchcock sur la géologie du Massachusetts (3).

---

(1) Professors W. B. and H. D. Rogers, *On the physical structure of the appalachian chain*. — *Transactions of the association of American geologists and naturalists*, 1840—1843, p. 474.

(2) *Manuel géologique*. p. 632 (1833). — *Traité de géognosie*, t. III, p. 314 (1834).

(3) Professor Ed. Hitchcock, *Systems of strata in Massachusetts*. — *Final report on the geology of Massachusetts*, vol. II, p. 709 (1841).

M. Hitchcock distingue dans le Massachusetts jusqu'à six systèmes stratigraphiques.

Le second de ces systèmes dans l'ordre d'ancienneté est désigné par lui sous le nom de système N.-E. S.-O. Suivant cet habile observateur, c'est le système le plus distinct du Massachusetts, il affecte la grauwacke (p. 712) contemporaine des couches carbonifères de l'O., et M. Hitchcock ajoute qu'il correspond presque exactement en direction avec les principales crêtes de la chaîne des Alleghanys dans les États du milieu et du sud, et aussi avec des chaînes qui s'étendent de la nouvelle Angleterre vers le N.-E.

Or, la direction du *système des Ballons* rapportée à Washington, qui est E. 43° 18′ N., O. 43° 18′ S., étant transportée de Washington à Amherst-College, au centre de l'État de Massachusetts (lat. 42° 22′ 13″ N., long. 74° 52′ O. de Paris), devient à peu près E. 40° 20′ N. — O. 40° 20′ S. Elle ne diffère par conséquent que de 4° 40′ de celle que M. Hitchcock assigne à son second système, et par cela même que ce savant géologue s'est borné à désigner ce système d'une manière générale comme courant du N.-E au S.-O., peut-être ne faut-il pas prendre cette désignation comme équivalant à l'énonciation d'une valeur numérique rigoureuse. Je serais d'autant plus porté à le croire, que M. le Dr Charles T. Jackson indique aussi d'une manière générale, dans le New-Hampshire et le Maine, un grand nombre de couches anciennes comme se dirigeant du N.-E. au S.-O., et en signale en même temps beaucoup d'autres comme courant suivant des directions plus rapprochées de la ligne E.-N.-E. —O.-S.-O. (1), ce qui conduirait à une moyenne peu éloignée de notre direction E. 40° 20′ N. — O. 40° 20′ S. Ces rapprochements me paraissent tendre à confirmer les rapports que je crois apercevoir entre la direction générale des Alleghanys et celle qui est propre au *système des Ballons*.

Mais M. le professeur Hitchcock signale, dans l'État de Massachusetts et dans les contrées adjacentes, un système plus ancien que le système N.-E., S.-O.; il le désigne sous le nom de *oldest meridional system* (*système méridien le plus ancien*), et il annonce (p. 710) que sa direction ne s'éloigne pas beaucoup du méridien, mais s'en écarte cependant de plusieurs degrés vers l'Est du Nord. Ce système paraît s'étendre vers le Nord, de manière à embrasser les masses les plus élevées de la nouvelle Angleterre, les *white moun-*

---

(1) Dr Charles T. Jackson, *Reports on the geology of Maine*, et *Final report on the geology and mineralogy of the state of New-Hampshire* (1844).

tains du New-Hampshire. Les couches auxquelles il a imprimé sa direction paraissent avoir été dérangées par le système N.-E., S.-O., ce qui indique qu'il est plus ancien que ce dernier.

Je suis très porté à présumer que ce *système méridien le plus ancien*, dirigé un peu à l'E. du Nord, est en effet plus ancien que le *système des Ballons*, que toutes les couches siluriennes de l'Amérique du Nord, et même plus ancien que le *système du Morbihan*. La discordance de stratification que M. le professeur Emmons a signalée entre les roches primaires du New-Hampshire et du Vermont, et le terrain taconique (1), doit faire supposer que le *système méridien le plus ancien* de M. le professeur Hitchcock est antérieur à la période de dépôt du terrain taconique.

La discordance de stratification que M. le professeur Emmons signale aussi entre les couches les plus élevées du terrain taconique et le grès de Potsdam, qui me paraît l'équivalent du grès de Caradoc, montre qu'un second mouvement de dislocation s'est opéré dans la Nouvelle-Angleterre avant le dépôt du terrain silurien proprement dit. Ce second mouvement de dislocation pourrait être contemporain de la formation du *système du Morbihan*, dont la direction, qui devient à Amherst-College E. 19° 20′ N. O. 19° 20′ S., se rapproche des directions de beaucoup des couches anciennes observées dans le New-Hampshire et le Maine par M. le Dr Charles T. Jackson ; mais il pourrait aussi être plus ancien, auquel cas il existerait entre les couches les plus élevées du terrain taconique et le grès de Potsdam, une lacune plus ou moins considérable, analogue à celle que j'ai signalée sur les pentes des collines du Longmynd.

Dans tout état de cause, le terrain taconique me paraîtrait devoir correspondre à la totalité ou à une partie de la *série fossilifère du calcaire de Bala*, et peut-être à une partie du terrain des ardoises vertes du pays de Galles et du Westmoreland. La série des roches primaires du New-Hampshire et du Vermont correspondrait elle-même, dans cette hypothèse, à quelques parties du terrain des ardoises vertes du pays de Galles et du Westmoreland, et peut-être à certaines parties des schistes cambriens de la Bretagne et des couches qui leur sont inférieures. Les deux groupes de couches américaines, dont je viens de parler, ne peuvent guère correspondre exactement à nos terrains européens, parce que le *système méridien le plus ancien* de M. le professeur Hitchcock, dont la formation a

---

(1) Professeur Ebenezer Emmons, *The taconic system*, in-4°. Albany (1844).

eu lieu entre les périodes respectives de leurs dépôts, ne se dirige pas vers l'Europe, et ne doit correspondre exactement par son âge à aucun des systèmes de montagnes européens.

La direction du *système méridien le plus ancien* de M. le professeur Hitchcock me paraît jouer, dans la constitution géologique de l'hémisphère américain, un rôle très étendu et très remarquable. D'après la belle carte géologique de l'État de Connecticut, publiée par M. Percival (1), cette direction se continue vers le S.-S.-O. à travers une grande partie de cet État, dont sa prolongation atteindrait la côte près de l'embouchure de la rivière Connecticut. Dans le sens opposé, elle se poursuit à travers l'État de New-Hampshire jusque près des sources de la même rivière Connecticut. L'orientation générale me paraît être à peu près N. 15° E. — S. 15° O., et telle serait aussi à peu près la moyenne d'un grand nombre de directions de roches anciennes, relevées dans les *white mountains* et dans les chaînes adjacentes par M. le docteur Charles T. Jackson (2).

Or, cette direction ne s'arrête pas aux sources du Connecticut; on peut la suivre jusqu'à la grande vallée du Saint-Laurent. Prolongée plus au N., elle traverse le Labrador dans sa plus grande largeur, parallèlement à plusieurs des principaux cours d'eau que les cartes y figurent, pour aboutir un peu à l'E. du cap Chidley, dont la pointe se dirige elle-même du côté du N. Au-delà du détroit de Davis, elle traverserait le Groënland parallèlement à la direction générale de plusieurs parties fort étendues de sa côte orientale.

Cette même direction, représentée par un grand cercle qui partirait d'Amherst-College (Massachusetts) (lat. 42° 22' 13" N., long. 74° 52' O. de Paris), en se dirigeant au S. 15° O., court d'abord parallèlement à la direction générale de la côte des États-Unis, depuis l'embouchure de la rivière Hudson jusqu'au cap Hatteras. Elle traverse ensuite la partie orientale de l'île de Cuba, puis l'isthme de Panama, et ne formant plus alors avec le méridien qu'un angle d'environ 10°, elle va raser la saillie que présente près de Guayaquil la côte de l'Amérique méridionale, après avoir passé un peu en dehors de la côte du Choco, parallèlement aux chaînes principales de la Nouvelle-Grenade, telles

---

(1) J. G. Percival, *Report on the geology of the state Connecticut*, New-Haven, 1842.

(2) *Final report on the geology of the state of New-Hampshire.*

qu'elles sont dessinées sur la belle carte publiée tout récemment par M. le colonel Acosta.

L'arc de grand cercle dont je viens d'indiquer le cours, est l'axe de l'une des zones minéralogiques et métallifères les plus remarquables du globe. Cette zone comprend, dans un espace comparativement peu étendu en largeur, les gîtes d'où proviennent les minéraux aussi remarquables que variés du Groënland et du Labrador, ceux plus variés encore, ou du moins plus complétement explorés de la Nouvelle-Angleterre, les gîtes aurifères du Vermont, de la Virginie, des Carolines, de la Géorgie, et ceux qui ont fourni l'or aux alluvions aurifères des mêmes États, les divers gîtes de Cuba, ceux qui ont fourni l'or aux alluvions aurifères de la Caroline, ceux d'Haïti (or, platine), qui les premiers ont donné l'éveil sur les richesses métalliques du Nouveau-Monde, et enfin les gisements platinifères et aurifères du Choco et des Cordilières orientales de la Nouvelle-Grenade.

Considérée dans son ensemble, cette zone minérale et métallifère est plus étendue et non moins rectiligne que l'Oural avec lequel elle a plus d'un trait de ressemblance. Si elle n'est pas aussi continue, cela tient seulement à ce qu'elle s'enfonce à plusieurs reprises sous la mer, au-delà de laquelle elle reparaît constamment jusqu'à ce qu'elle se perde, d'une part sous la mer équatoriale, et de l'autre sous les glaces polaires du Groënland, au-delà desquelles son prolongement traverse encore les régions aurifères et argentifères de l'Altaï. La constance de sa richesse minérale me paraît attester qu'on doit réellement la regarder comme continue dans toute l'étendue où je l'ai suivie, et que par conséquent on se tromperait complétement si on ne voyait dans la partie de cette zone qui traverse la Nouvelle-Angleterre, qu'une simple déviation de la direction habituelle des Alleghanys. Les gîtes de minerais d'étain découverts par M. le Dr Charles T. Jackson dans le New-Hampshire, et la nature générale des minéraux de la Nouvelle-Angleterre me paraissent en même temps donner à cette zone un caractère d'ancienneté comparable à celui des zones minérales, parallèles aux *systèmes du Finistère* et *du Longmynd*, qui traversent la Suède et la Finlande, circonstance parfaitement conforme aux observations de MM. les professeurs Hitchcock et Emmons, qui assignent au *système méridien le plus ancien* une antiquité supérieure à celle de tous les autres systèmes de montagnes reconnus jusqu'à présent dans l'Amérique septentrionale.

A une époque où je ne pouvais former encore que des conjectures assez vagues sur ces systèmes transatlantiques, j'avais cru déjà pouvoir distinguer, comme constituant un système à part, les « couches anciennes, redressée dans une direction presque » N.-S., qui forment les bords du Connecticut et de la rivière » Hudson », et j'ajoutais que « le redressement des couches N.-S. » dont nous venons parler, remonte sans doute à une époque » plus ancienne que celui des couches N.-E. — S.-O. qui consti- » tuent les Alleghanys proprement dits (1). » Cette relation d'an- cienneté me semble aujourd'hui hors de doute et c'est la direction de ces couches redressées antérieurement qui me paraît avoir été reproduite dans plusieurs parties de la chaîne des Alleghanys à l'époque de la formation du *système des Ballons*.

M. Hitchcock indique dans le Massachusetts plusieurs systèmes stratigraphiques dont les directions ne se distinguent pas sensible- ment de celle du *système méridien le plus ancien*, mais qui sont d'une date plus moderne, ce qui me paraît indiquer que la direc- tion de ce système s'est en effet reproduite dans des phénomènes géologiques postérieurs à sa première origine. Le *système méridien le plus ancien* de M. le professeur Hitchcock serait donc un nouvel exemple à ajouter à ceux rappelés ci-dessus, de systèmes dont les directions se sont reproduites à des époques successives et très éloignées les unes des autres.

Je vois en effet que M. le Dr Jackson, en explorant les mon- tagnes du New-Hampshire, y a observé la direction qui nous occupe non seulement dans les couches anciennes, mais aussi dans plusieurs filons qui sont, sans doute, plus modernes que les masses qu'ils traversent, bien que fort anciens eux-mêmes. Je remarque en outre que la direction du *système méridien le plus ancien* forme la limite orientale des terrains crétacés des États-Unis, qui sem- blent coupés abruptement à son approche, et que les terrains crétacés sont soulevés sur les flancs des Cordilières de la Nouvelle- Grenade, orientées parallèlement à la direction prolongée du même système. Je remarque enfin que vers les extrémités de la zone où nous l'avons suivie, cette direction est parallèle, d'une part à l'alignement général des volcans de l'équateur, et de l'autre à celui des volcans de l'Islande et de l'île de Jean Mayen. Or, il me paraît, au fond, peu surprenant qu'une direction, dont l'ori- gine première est extrêmement ancienne et qui a continué à in- fluer sur les phénomènes géologiques jusqu'aux périodes les plus récentes de l'histoire du globe, ait été reproduite partiellement à

---

(1) *Recherches sur quelques unes des révolutions de la surface du globe. — Annales des sciences naturelles*, t. XVIII, p. 322 (1829).

— 122 —

l'époque où les couches des Alleghanys ont été repliées suivant la direction du *système des Ballons*.

La manière de concevoir la formation des principaux traits du relief des États-Unis, que je viens de proposer, se trouve confirmée par une considération d'un ordre complétement différent des précédentes. Toutes les formations paléozoïques qui s'étendent depuis la rivière Hudson jusqu'au Mississipi sont comprises dans un espace angulaire terminé à l'O. par les crêtes du *système méridien le plus ancien* de M. le professeur Hitchcock, et au N. par les terrains primitifs du Canada, que je suppose avoir été définitivement émergés lors de la formation du *système du Morbihan.* Cet espace angulaire, ouvert au S.-O., me paraît avoir formé un large golfe dont le fond, situé vers le pied des *white mountains*, se prolongeait peut-être vers Montréal et Québec par quelque bras de mer étroit. Je suis porté à supposer que les sédiments descendus des montagnes primitives de la Nouvelle-Angleterre et du Canada se sont accumulés de préférence vers l'extrémité de ce golfe, et je serais tenté d'expliquer par là pourquoi les terrains paléozoïques de l'Amérique du Nord sont plus épais et plus arénacés, comme l'ont remarqué M. James Hall et M. de Verneuil, près de la rivière Hudson que vers le Mississipi, tandis que les couches calcaires qu'ils renferment augmentent au contraire en épaisseur à mesure qu'on s'avance vers l'O. Il se serait produit là, mais beaucoup plus en grand, quelque chose d'analogue à ce qui s'est passé dans le golfe de Luxembourg lors de la formation du Lias (1).

Nous avons trouvé qu'à Amherst-Collège, le *système du Morbihan* se dirige à l'E. 19° 20′ N., tandis que le *système des ballons* se dirige à l'E. 40° 20′ N., et le *système méridien le plus ancien* à l'E. 75° N. De là il résulte qu'en ce point la direction du *système des Ballons* fait avec celle du premier un angle de 21°, et avec celle du second un angle de 34° 40′. Ces deux angles sont entre eux, à très peu de choses près, comme 3 : 5. Ce rapport n'est pas très simple ; mais si, comme tout semble l'indiquer, ce sont seulement les extrémités du *système du Morbihan* et du *système des Ballons* qui se montrent en Amérique, il n'y avait peut-être aucune raison de présumer *à priori* que la combinaison de leurs directions avec celle du *système méridien le plus ancien* dût rien présenter de remarquable.

On pourrait être tenté d'objecter au rapprochement que je cherche à établir entre la direction principale des Alleghanys et celle

____

(1) *Explication de la Carte géologique de la France*, t. II, p. 422.

du *système des Ballons*, que le grand cercle qui passe par la cime du Ballon d'Alsace, en se dirigeant à l'O. 16° N. laisse assez loin de côté toute la masse des Alleghanys, puisqu'il passe à environ 200 lieues au S.-O. de Washington. Un autre rapprochement que me fournit le grand travail géologique de MM. Murchison, de Verneuil et de Keyserling sur la Russie, va répondre à cette objection en montrant que le système des Ballons embrasse en Europe une zone d'une très grande largeur.

La belle carte géologique de la Russie d'Europe, publiée par les savants géologues que je viens de citer, nous représente cette vaste contrée comme divisée en deux parties par un axe de terrain dévonien, dirigé de Voroneje vers le golfe de Riga. Cet axe paraît dû à un soulèvement qui a émergé le bassin carbonifère de Moscou, et l'a rendu inaccessible aux dépôts de la période houillère; qui, par conséquent, doit être d'une date postérieure au dépôt du calcaire carbonifère et antérieure à celui du terrain houiller. Or, la direction O. 16° N., transportée du Ballon d'Alsace à Orel, en Russie (lat. 52° 56′ 40″ N., long. 33° 37′ E. de Paris), devient O. 36° 38′ N. Construite sur la carte de Russie, cette direction coïncide, à très peu de chose près, avec celle de l'axe dévonien, dirigé de Voroneje vers le golfe de Riga. Je suis conduit par là à considérer l'axe dévonien du centre de la Russie comme étant en Europe l'un des membres les mieux définis et le plus largement dessinés du *système des Ballons*.

Cet axe dévonien de la Russie comprend, entre lui et le grand cercle dirigé à l'O. 16° N. par le sommet du Ballon d'Alsace, un intervalle d'environ 350 lieues; par conséquent, si on le prolongeait en Amérique, il passerait à plus de 100 lieues au N.-O. de la chaîne des Alleghanys. On voit par là que cette chaîne est complétement renfermée dans la prolongation de la zone qui, en Europe, est affectée par les dislocations du *système des Ballons*. Si, comme je suis porté à le croire, la montagne de la Lozère se rapporte au *système des Ballons*, et si, comme le pense M. Durocher, ce même système se retrouve encore dans les Pyrénées, il embrasse en Europe une zone de près de 400 lieues de largeur; peut-être comprend-il dans l'Amérique septentrionale d'autres chaînes encore que celle des Alleghanys.

Ce système me paraît avoir sillonné la surface du globe, du bassin du Volga au bassin du Mississipi, immédiatement après le dépôt des couches à *fusulines* qui établissent dans ces deux contrées éloignées un horizon géologique si remarquable, et je ne puis me refuser à croire que le bouleversement auquel il est dû, a interrompu dans ce vaste espace le dépôt du calcaire carbonifère dont les couches les plus élevées sont caractérisées par ces fossiles remarquables. C'est ainsi que plus tard et dans une direction très peu différente la formation du *système des Pyrénées* est venue interrompre le dépôt du *terrain nummulitique*, depuis le golfe de Gascogne jusqu'aux rives de l'Indus. On a proposé tout récemment de classer le terrain nummulitique parmi les terrains *éocènes*. Si cette classification est admise, il existera une ressemblance de plus entre le *système des Ballons*, soulevé au milieu de la période carbonifère, et le *système des Pyrénées*, soulevé au milieu de la période éocène.

En reconnaissant ainsi des périodes zoologiques dont le milieu correspondrait au soulèvement d'un vaste système de montagnes, les paléontologistes effaceront eux-mêmes les derniers vestiges d'une opinion contre laquelle, ainsi que je le rappelais dernièrement, je me suis élevé depuis longtemps (1), « qui regarderait » chacune des révolutions de la surface du globe comme ayant dé- » terminé, non seulement des déplacements, mais encore un re- » nouvellement complet des êtres vivants. » Ils rendront de plus en plus probable l'opinion contraire, qui admet que *lorsque les fossiles de tous les terrains seront complétement connus, ils formeront dans leur ensemble une série aussi continue que l'est aujourd'hui la série partielle des terrains jurassiques et crétacés ou celle des terrains paléozoïques* (2) ; ils ramèneront enfin les géologues à baser surtout les divisions des terrains sur leur gisement. C'est ce qu'ils ont fait depuis Werner, et « la circonstance que les boule- » versements qui, en Europe, ont marqué le commencement et » la fin de la période secondaire, se seraient étendus jusqu'aux » États-Unis et dans l'Inde, expliquerait pourquoi ces grandes » coupures des terrains de sédiment semblent se retrouver dans » trois contrées aussi distantes (3) ». Le *système des Ballons* et le *système des Pyrénées* traversant les régions qui seront pendant bien des années encore le théâtre principal des travaux des géologues, on conçoit qu'ils fournissent pour la classification des terrains des points de repère précieux, et que les divisions qu'ils déterminent doivent présenter une apparence de généralité qu'on ne retrouve pas dans les autres. Il est donc à désirer qu'on s'accorde à y ratta-

---

(1) Voyez *Bulletin de la Soc. géol.*, 2ᵉ série, t. IV, p. 562.
(2) Voyez *ibid.*, p. 564.
(3) *Manuel géologique*, p. 658. — *Traité de géognosie*, t. III, p. 366.

cher le commencement et la fin de la période des terrains secondaires.

La probabilité avec laquelle je crois retrouver en Amérique les prolongations du *système du Morbihan* et du *système des Ballons*, m'a engagé à revenir sur l'idée que j'ai eue il y a quelques années, de concert avec M. Pierre de Tchihatcheff, de chercher à suivre à travers l'Asie la prolongation du *système du Westmoreland et du Hundsrück*, et celle du *système de la Côte-d'Or*.

Dans un rapport sur un mémoire de M. Pierre de Tchihatcheff, relatif à la constitution géologique de l'Altaï, que j'ai lu à l'Académie des sciences, le 12 mai 1845 (1), je me suis hasardé à dire : « la direction E. 37° 30′ N. du Hundsrück, prolongée à travers l'Asie, coupe le 85ᵉ méridien à l'E. de Paris par 54° 27′ de latitude N., en formant avec lui un angle de 61° 17′; d'où il résulte qu'elle traverse l'Altaï de l'O. 28° 43′ N. à l'E. 28° 43′ S.

« On peut remarquer, de même, que la direction E. 40° N. de la Côte-d'Or, prolongée à travers l'Asie, coupe le 85ᵉ méridien à l'E. de Paris par 57° 27′ de latitude nord, en formant avec lui un angle de 62° 34′, et que par conséquent elle traverse elle-même l'Altaï de l'O. 27° 26′ N. à l'E. 27° 26′ S.

» Or ces deux directions, si peu différentes l'une de l'autre, représentent très sensiblement la direction de l'Altaï occidental, telle qu'elle se manifeste sur la carte de M. de Tchihatcheff, par la disposition des bandes de roches granitiques et schisteuses. Elle se rapproche aussi beaucoup de la direction O.-N.-O. E.-S.-E. que M. de Humboldt assigne à l'un des systèmes de dislocation de l'Altaï (2). »

En adoptant dans la présente note pour le *grand cercle de comparaison*, destiné à représenter le *système du Westmoreland et du Hundsrück*, un grand cercle passant au Binger-Loch et dirigé en ce point, à l'E. 31° 30′ N., je n'ai pas changé sensiblement le point de départ de la direction à prolonger vers l'Altaï, mais j'ai changé cette direction de 6°, et cette modification exige nécessairement que des modifications correspondantes soient apportées à une partie des calculs et des considérations qui viennent d'être rappelés.

L'arc de grand cercle qui passe au Binger-Loch (lat. 49° 55′ N., long. 5° 30′ E.) en se dirigeant à l'E. 31° 30′ N., étant prolongé jusqu'au méridien du lac de Télétzk (dans l'Altaï) à 85° E. de

---

(1) *Comptes-rendus*, t. XX, p. 1412.
(2) Humboldt, *Asie centrale*, t. I, p. 378.

Paris, couperait ce méridien par 49° 2′ 34″ de lat. N., et sous un angle de 56° 53′ 2″, c'est-à-dire en se dirigeant de l'O. 33° 6′ 58″ N. à l'E. 33° 6′ 58″ S. Il traverserait l'Altaï occidental dans le sens de sa longueur, suivant une direction presque exactement parallèle à l'orientation générale des principales masses granitiques dessinées sur la carte de M. Pierre de Tchihatcheff, au pied desquelles semblent avoir dû se déposer les calcaire carbonifères du bassin de l'Irtisch.

Comparée à celle qui se rapportait à l'orientation que j'avais primitivement adoptée pour le *système du Westmoreland et du Hundsrück*, elle est plus éloignée d'environ 4° 1/2 de la ligne O.-N.-O. E.-S.-E., et par conséquent de la direction assignée par M. de Humboldt aux couches de l'Altaï occidental, de celle du cours de l'Irtisch de Bouchtarminsk à Semipolatinsk, de même que de la moyenne des directions que M. de Tchihatcheff a tracées sur sa belle carte comme représentant les orientations des couches de l'Altaï occidental, notamment celles des couches carbonifères.

On voit, d'après cela, que les directions des couches carbonifères de l'Altaï occidental et celles des traits principaux de son relief extérieur actuel se rapprochent plus de la direction du *système de la Côte-d'Or* que de celle du *système du Westmoreland et du Hundsrück*. Ainsi l'indécision que j'annonçais dans le passage rapporté ci-dessus, cesse d'exister, et si la configuration extérieure actuelle et les grandes dislocations des couches de l'Altaï occidental se rattachent réellement à quelqu'un de nos systèmes européens, c'est, suivant toute apparence, au système de la *Côte-d'Or*. Si le *système du Westmoreland et du Hundsrück* s'y dessine en même temps, ce ne peut être que dans les profondeurs du sol primordial, c'est-à-dire dans l'orientation générale des masses granitiques, et de certaines roches schisteuses anciennes.

Il paraîtrait cependant que la direction du *système du Westmoreland et du Hundsrück* poursuit son cours à travers tout l'empire de la Chine et même beaucoup au-delà. Le grand cercle qui passe au Binger-Loch en se dirigeant à l'E. 31° 1/2 N., prolongé jusqu'au méridien de Canton (Canton, lat. 23° 8′ 9″ N., long. 110° 42′ 30″ E. de Paris), va couper ce méridien par 31° 14′ 40″ de lat. N., et sous un angle de 39° 57′ 9″, c'est-à-dire, en se dirigeant du N. 39° 57′ 9″ O. au S. 39° 57′ 9″ E. Il passe à 8° 6′ 31″ ou à environ 1000 kilomètres (200 lieues) au N. de Canton; mais, comme il est devenu très oblique par rapport au méridien, Canton ne s'en trouve guère qu'à 120 lieues vers le S.-O.

Cette direction prolongée depuis le Binger-Loch, atteint la côte de la mer de la Chine, entre l'île de Hong-Kong et celle de Formose; elle passe ensuite au N.-E. de l'île de Luçon et de tout l'archipel des Philippines, parallèlement à quelques unes de leurs lignes orographiques les plus remarquables, poursuit son cours à travers la Nouvelle-Guinée, le continue ensuite parallèlement à une partie des côtes N.-E. de la Nouvelle-Hollande, et à la direction générale de la Nouvelle-Calédonie, et finit par aller couper la Nouvelle-Zéelande parallèlement à la ligne droite à laquelle se terminent, vers le N.-E., toutes les pointes de la grande île septentrionale Ikana-Mawi.

J'hésite à croire que cette identité de direction entre certaines chaînes de l'Australie et certaines chaînes de l'Europe occidentale, situées presque aux antipodes les unes des autres, soit l'indice d'une identité d'âge entre elles. Je crois que les chaînes d'un même âge sont généralement comprises dans un même fuseau de l'écorce terrestre. Un fuseau se termine nécessairement par deux pointes situées rigoureusement l'une à l'antipode de l'autre; près de chacune de ces pointes la direction des chaînes doit tendre à devenir incertaine. Il y aurait donc, dans ma manière de voir, quelque difficulté à concevoir que des chaînes placées dans deux régions situées aux antipodes l'une de l'autre et cependant parallèles à un même *grand cercle de comparaison*, soient les résultats d'un même ridement de l'écorce terrestre. Il me paraît beaucoup plus probable qu'il existe ici un nouvel exemple d'une direction qui s'est reproduite à deux époques successives et fort éloignées l'une de l'autre. Deux ridements se seraient opérés dans deux fuseaux ayant leurs lignes médianes sur un même grand cercle, mais placés en partie l'un à la suite de l'autre, le long de ce grand cercle, de manière à embrasser à eux deux un espace beaucoup plus long qu'une demi-circonférence. Je suis d'autant plus porté à conjecturer que c'est là l'explication réelle du fait qui nous occupe, que les chaînes orientées dans l'Australie parallèlement à notre *grand cercle de comparaison*, paraissent plus modernes que celles auxquelles elles correspondent dans l'Europe occidentale, parce qu'elles sont plus saillantes et parce qu'elles sont en rapport avec la ligne volcanique en zig-zag, qui s'étend des îles Philippines à la Nouvelle-Zéelande.

Mais la double origine du système que nous venons de suivre depuis la France jusque tout près de nos antipodes, ne doit pas empêcher de remarquer que dans son cours à travers la partie orientale de l'empire de la Chine, sa direction est parallèle à celles d'un grand nombre des rivières et des crètes montagneuses que les cartes figurent dans ces contrées peu connues. Peut-être fournira-t elle , concurremment avec la direction de la Côte-d'Or, dont elle est devenue bien distincte, un des éléments dont on pourra se servir pour déchiffrer la structure orographique de l'Asie centrale.

PARIS — IMPRIMERIE DE L. MARTINET,
RUE JACOB 30.